A ilusão da Lua

da
Lua

Ideias para
decifrar o
mundo por
meio da ciência
e combater
o negacionismo

Consulte nosso catálogo completo e últimos lançamentos em **www.editoracontexto.com.br**.

Marcelo Knobel

A ilusão da Lua

Ideias para decifrar o mundo por meio da ciência e combater o negacionismo

editora**contexto**

Copyright © 2021 do Autor

Todos os direitos desta edição reservados à
Editora Contexto (Editora Pinsky Ltda.)

Foto de capa
Jaime Pinsky

Montagem de capa e diagramação
Gustavo S. Vilas Boas

Coordenação de textos
Luciana Pinsky

Preparação de textos
Lilian Aquino

Revisão
Ana Paula Luccisano

Dados Internacionais de Catalogação na Publicação (CIP)

Knobel, Marcelo
A ilusão da Lua : ideias para decifrar o mundo por meio
da ciência e combater o negacionismo / Marcelo Knobel. –
1. ed., 1ª reimpressão. – São Paulo : Contexto, 2023.
160 p.

ISBN 978-65-5541-053-2

1. Ciência 2. Pensamento científico 3. Pseudociência
I. Título II. Knobel, Marcelo

21-0594	CDD 501

Angélica Ilacqua CRB-8/7057

Índice para catálogo sistemático:
1. Ciência – Pensamento científico

2023

EDITORA CONTEXTO
Diretor editorial: *Jaime Pinsky*

Rua Dr. José Elias, 520 – Alto da Lapa
05083-030 – São Paulo – SP
PABX: (11) 3832 5838
contato@editoracontexto.com.br
www.editoracontexto.com.br

Sumário

Introdução

Ainda me lembro da primeira vez que meu filho perguntou por que uma colher caía no chão. Como físico, rapidamente passaram por minha cabeça diversas maneiras de responder a essa pergunta, com níveis de complexidade diferentes. Podia usar desde uma visão aristotélica, dizendo que a colher cai porque o chão é o lugar natural dela, até uma visão einsteiniana, explicando-lhe a distorção no espaço-tempo causada pela Terra. Optei por tentar explicar a força da gravidade, o que não é tão trivial para uma criança de 3 anos quanto pode parecer.

As crianças têm muita curiosidade, excesso talvez, que infelizmente vai diminuindo com o passar dos anos. Na realidade, não é a vontade de entender o mundo que vai diminuindo, é a frustração das crianças com as respostas que vai aumentando. Mas já dizia Francis Bacon que "do assombro nasce o conhecimento", e precisamos fazer reflorescer nas pessoas a curiosidade e a vontade de querer entender mais sobre os mistérios que nos cercam.

Não faltam mistérios e assombros quando pensamos em nosso universo e em nossa vida. Há mais Física, Química, Psicologia ou Biologia ao nosso redor do que percebemos. A ciência enxerga esses mistérios por meio de muitos pontos de vista. Digamos que cada ponto de vista tem acesso a um conjunto de lentes e lupas para analisar e entender um lado da questão. É exatamente pela percepção das conexões entre as observações feitas de vários pontos de vista que se chegará mais perto da compreensão de um fenômeno. Claro que isso demanda esforço conjunto e muito tempo. Não é à toa que ainda existem inúmeros mistérios que a ciência não foi capaz de entender, e para entendê-los, seja para satisfazer a nossa curiosidade, seja para avançar tecnologicamente, precisamos de novas gerações de insaciáveis curiosos.

Por vezes, aulas desestimulantes na escola e apostilas burocráticas acabam por aplacar o fascínio natural por desvendar esses mistérios. Os prejuízos desse desapego pela ciência são sentidos duramente nos dias de hoje e amplificados em redes sociais, nas quais pouco importa o que é conhecimento lapidado ao longo de séculos e o que é puro achismo. Infelizmente, a ignorância e a insensatez com frequência têm comandado decisões empresariais, governamentais e individuais.

Que remédio há para esses males? Entre tantas dúvidas que temos sobre a vida e o Universo, essa não é uma delas. Quanto mais as pessoas aprenderem a pensar criticamente, a questionarem as informações, menos gente propagará a desinformação.

Assim, organizo este livro em torno de três pilares – a ciência que nos rodeia em pílulas de exemplos cotidianos; a maneira de fazer ciência e como é importante divulgá-la corretamente; e o perigo das pseudociências.

A ideia é discutir os processos da ciência e como podemos aproveitá-la nas tomadas de decisões. Ficarei satisfeito se este livro provocar novos questionamentos e muitas conversas. Espero que você, leitor curioso, seja arrebatado nesta jornada e nunca mais enxergue o mundo, a vida e seus detalhes cotidianos do mesmo jeito.

PARTE I

A ciência ao redor

De que forma a Física, a Química e outras ciências permeiam o nosso dia a dia, do sabor do cafezinho ao voo dos pássaros? Sem querer ser um compêndio de curiosidades científicas, estes capítulos ilustram como a ciência está presente em nossas vidas e, apesar de sua beleza, muitas vezes passa despercebida.

A ilusão
da Lua

Foi com espanto que ouvi do meu professor de Óptica, já no terceiro ano do curso de Física, a explicação sobre um fenômeno conhecido como "ilusão da Lua". Apesar de ter intrigado a humanidade durante séculos, até aquele momento eu não tinha parado para pensar por que a Lua fica tão grande quando está próxima do horizonte e parece diminuir tanto quando está alta no céu. Todos nós já percebemos esse efeito que, de fato, é um belo exemplo de ilusão de óptica, bem realista, pois a Lua, claro, é sempre do mesmo tamanho – não muda nada dependendo da posição no céu. E é fácil testar isso, basta realizar uma medida do diâmetro da Lua nas diferentes posições para verificar que a mudança de tamanho é simplesmente uma ilusão. Pode-se usar uma régua (posicionada em uma distância fixa dos olhos), uma moeda, um comprimido ou mesmo um papel com um furinho para rapidamente notar que o tamanho permanece sempre o mesmo. Fotografar a Lua nas diferentes situações também é uma solução interessante para realizar o experimento.

O mais incrível é que ainda não há um consenso sobre uma explicação razoável para a ilusão da Lua. Que é uma ilusão já sabemos, mas as nossas limitações sobre o entendimento da percepção óptica e do funcionamento de nosso cérebro impedem que haja uma explicação completamente aceita pela comunidade científica para explicá-la. Uma ideia plausível, e bem aceita, é a questão da referência de outros objetos. No horizonte, geralmente temos outros objetos com os quais comparamos o tamanho da Lua, como árvores, casas, montanhas. Nessa perspectiva, a Lua adquire em nossas mentes um tamanho maior do que quando a observamos sozinha no céu, sem pontos de referência. Essa explicação relaciona-se com outra ilusão famosa, conhecida como Ilusão Ponzo. Entretanto, os relatos de percepção (que chegam a indicar que a Lua parece de 50% a 75% maior quando está no horizonte do que no zênite) e o fato de que a ilusão permanece mesmo em situações nas quais não há objetos de referência (como em alto-mar) parecem indicar que devem existir outras causas para o fenômeno.

Contudo, o verdadeiro mistério é entender por que o cérebro nos engana desse jeito. Uma das explicações é conhecida como "teoria da distância aparente". Ao ter pontos de referência no horizonte, a mente seria compelida a indicar que a Lua está muito distante. Entretanto, a imagem da Lua no olho (os pontos de luz reais que incidem na retina) é do mesmo tamanho do que a imagem dela no zênite, sem referências para a distância. O nosso cérebro tentaria escapar então de um paradoxo: um mesmo objeto situado longe e perto não poderia produzir imagens do mesmo tamanho; portanto, involuntariamente vemos a Lua no horizonte como um objeto maior.

Apesar de ser relativamente bem aceita, e com diversas comprovações práticas, há também nessa teoria algo muito estranho. Para nós, a Lua parece mais próxima quando está no horizonte do que no alto do céu, e não ao contrário, como indicaria a teoria da distância aparente. Os psicólogos que estudam esses fenômenos sensoriais parecem ter uma explicação razoável para esse fato. Segundo eles, deve-se partir da premissa de que essa ilusão (assim como todas as demais) ocorre de modo inconsciente e, assim, observamos uma Lua enorme no horizonte. A especulação é que, na sequência, a nossa mente consciente assumiria o comando, associando o tamanho da Lua com a sua distância, ou seja: como a Lua parece enorme, ela deve estar muito próxima. Não se convenceu? Não se preocupe, não há realmente consenso sobre o assunto e existem pelo menos oito teorias diferentes para tentar explicar de forma mais convincente essa incrível ilusão.

Sabemos que é uma ilusão, mas é tão forte que é difícil se convencer disso. De acordo com o canadense Jay Ingram, comunicador científico, a ilusão da Lua é um argumento perfeito contra a acusação de que as explicações científicas removem o mistério da natureza, que o universo é mais deslumbrante se não soubermos como ele funciona. Nesse caso, o oposto é o verdadeiro! É fascinante saber que o tamanho da Lua no horizonte não passa de um mero artifício mental, e a verdadeira emoção é acompanhar a evolução das ideias, baseadas em observações e experimentos que surgem para tentar explicar esse verdadeiro enigma.

Não há um dia sequer, quando tenho a felicidade de ver uma enorme Lua no horizonte, que não pense sobre isso. Apesar de saber sobre o fenômeno, ter feito o teste e estar convencido de que é verdade, o fascínio dessa ilusão continua sempre muito impactante.

Culinária:
arte e ciência

"Cheiro de casa, sabor com aconchego. Assim é o pão caseiro recém-saído do forno." Li essa frase em uma página de receitas na internet e, de fato, já me deu água na boca... Quem foi que teve a brilhante ideia de misturar ingredientes tão simples para obter no final algo tão especial? Essa pergunta surge não só com o pão, mas também com outras iguarias que degustamos diariamente.

É incrível notar que somos as únicas criaturas na face da Terra que comemos alimentos processados e cozidos (a não ser, é claro, os animais domésticos). Essa habilidade de condimentar, preparar e modificar os alimentos brutos está intimamente relacionada ao desenvolvimento do ser humano. Além de importantes mudanças físicas e fisiológicas, como o movimento bípede e o crescimento do cérebro, nossos ancestrais também iniciaram os primeiros passos dessa ciência empírica, que é a culinária. Os alimentos cozidos são mais fáceis de digerir, mais seguros de armazenar e, provavelmente, foi o meio mais eficaz de introduzir proteínas complexas na dieta dos seres humanos. Estima-se que, ao introduzir a prática do churrasco, os caçadores primitivos conseguiram pelo menos dobrar o consumo de calorias ingeridas. Algumas substâncias tóxicas (ou não muito saborosas) presentes em determinadas raízes podem se tornar comestíveis, e até agradáveis, após o cozimento. Todos esses fatores provavelmente auxiliaram no desenvolvimento intelectual da espécie.

Assim como nos desenvolvemos, a culinária também se desenvolveu no decorrer dos anos. Milhões e milhões de tentativas e erros gradualmente levaram ao aprimoramento de receitas que se consolidaram em diferentes regiões do planeta. Foi apenas uma questão de tempo até que os *"chefs* de cozinha"* pré-históricos notassem que algumas maneiras específicas de preparar os alimentos modificavam e melhoravam o sabor. As carnes grelhadas, por exemplo, se impuseram como uma das maneiras mais saborosas de preparo. Por quê?

Por um lado, a superfície da carne endurece porque o líquido evapora e as proteínas coagulam; por outro, os constituintes da carne reagem quimicamente para formar moléculas aromáticas e coloridas, formando uma crosta crocante e saborosa. Já no interior da carne, as moléculas de colágeno que tornam a carne rígida se degradam e a carne amolece (isso ocorre em torno de 70°C a 80°C). A energia térmica, nesse caso, é suficiente para quebrar as ligações mais fracas entre os átomos de certas moléculas, desnaturando as proteínas.

As proteínas desnaturadas assemelham-se a longos fios que se desenrolam e começam a se agitar em todas as direções. Nesse ponto, a carne endurece um pouco (mas não muito), pois as proteínas podem ligar-se entre si, ou melhor, coagular. Entretanto, se o cozimento é prolongado, as moléculas de água que permaneceram ligadas às proteínas são expelidas e a carne fica dura demais. Ou seja, o cozinheiro deve encontrar um ponto ótimo que degrade o colágeno, mas que evite que as proteínas, tendo coagulado ao redor de 70-80°C, sequem e endureçam.

De fato, há diversos modos de realizar essa façanha: ao cozinhar a carne rapidamente, evita-se a difusão dos líquidos para o exterior e a carne fica suculenta. Existem milhares de outros segredos que os bons churrasqueiros de fim de semana não compartilham com ninguém, mas que provavelmente têm uma explicação científica.

Certamente, há muitos mitos e muitas lendas na prática culinária, mas sem dúvida há também verdades irrefutáveis. Em várias receitas, a ordem em que os ingredientes são inseridos é de importância vital. Em outras, basta bater com um pouco mais de força, ou por um tempo infimamente maior do que o indicado, que o resultado é simplesmente desastroso. Ao trabalhar no fogão ou no forno, qualquer cozinheiro sabe o cuidado que deve ter ao lidar com a temperatura e suas variações, que podem arruinar uma receita complicadíssima. De maneira similar à ciência, esses conhecimentos são transmitidos e repassados por publicação de receitas, de dicas familiares, de programas de televisão. Cada receita é validada, testada, reciclada, adaptada, aprimorada e, naturalmente, se modifica.

Além do enriquecimento das receitas, os métodos de processar e cozinhar alimentos, e até os próprios alimentos, se desenvolveram com o tempo. Hoje em dia, a ciência culinária conta com o auxílio de poderosos métodos de análise que detectam, por exemplo, a presença de compostos aromáticos em concentrações homeopáticas, mas com papel preponderante. Contudo, esse conhecimento não necessariamente se traduz em melhores métodos de preparo. Diversas áreas da ciência se misturam na cozinha. Naturalmente, aparecem a Química, a Biologia e a Física, mas há também várias áreas de Engenharia (em instrumentos, equipamentos e materiais), Sociologia, História, Psicologia, entre outras. Na maior parte dos casos, os cozinheiros são intuitivos e fazem diversas tentativas até uma receita chegar ao resultado esperado; muitas vezes, o experimento simplesmente não funciona e nós sequer ficamos sabendo. Assim, a prática científica e a culinária são muito parecidas, e cada vez mais próximas. Há bastante ainda para se entender, e muitos cientistas têm trabalhado na conexão entre a alimentação, a percepção (de sabores, de cores, de odores) e a complexa relação com a mente humana, com a história e com as memórias. Creio que é um dos assuntos mais complexos, intrigantes e interessantes que existem, pois afeta a todos... Todos mesmo.

Assim como ocorre na ciência, na culinária também dependemos de *insights* de grandes mestres, que conseguem, como ninguém, combinar harmoniosamente ingredientes, realizar combinações inusitadas e criar paladares e aromas inigualáveis. Nesses momentos, a ciência culinária sofre revoluções e transformações e se confunde incontestavelmente com a arte, como uma das mais sublimes modalidades da expressão humana.

Algoritmo científico para cozinhar o peru perfeito

Além de uma decoração natalina cheia de flocos de neve e um Papai Noel vestido para o pior dos invernos, herdamos do hemisfério Norte o hábito de comer algumas comidas "tradicionais" nas festividades de fim de ano. Entre elas, o peru. Quem cozinha (ou tem conhecimento sobre) sabe a dificuldade de preparar um peru adequadamente. Muitas vezes, por conta do tamanho da ave, a parte interna pode ficar crua. Se se cozinhar em uma temperatura muito elevada, ou por muito tempo, o peru pode ficar completamente seco e sem graça. Como fazer, então, um peru perfeito?

O peru é uma combinação de três partes de água para uma parte de gordura e uma parte de proteína. A carne do peru vem de fibras musculares (majoritariamente proteínas). Ao cozinhá-lo, as fibras musculares se contraem até começarem a quebrar, em torno a 80°C, fazendo com que as proteínas se desemaranhem; e a consequência é o músculo se tornar mais macio. O colágeno na ave (uma das três fibras proteicas que conecta os músculos aos ossos) se quebra em moléculas mais gelatinosas enquanto ocorre o desenredar. A secura do peru é o resultado da coagulação dessas proteínas, que ocorre se o cozimento for muito longo, como vimos no capítulo "Culinária: arte e ciência".

Como o peru mais anda do que voa, ele tem enorme diferença entre as pernas e o peito, o que dificulta que essas partes sejam cozinhadas de maneira igual. No peito, a carne é branca, leve e enorme. O peito deve ser cozinhado em alta temperatura para liberar sabor, e por pouco tempo, para evitar que resseque. Nas coxas e asas, a carne é mais escura; tem mais tecido conectivo e gordura. Os músculos das coxas são feitos de fibras musculares adaptadas para o uso contínuo e regular. A proteína usa oxigênio para relaxar e contrair; por isso, esse tecido é rico em capilares, o que dá essa cor e sabor intensos. A carne mais escura deve ser cozinhada em temperatura mais baixa, por um tempo mais longo, para permitir que os tecidos conectivos se quebrem. Naturalmente, a preferência entre a carne branca ou escura depende de cada um, mas, para cozinhar com perfeição, há algumas dicas importantes:

- o melhor é desjuntar o peru, cozinhando as carnes escuras e brancas separadamente;
- se for cozinhar o peru inteiro, deve-se colocar uma folha de alumínio no peito para retardar o cozimento, permitindo que a carne escura cozinhe por mais tempo; apenas é importante lembrar de tirar a folha de alumínio antes de terminar o cozimento completo;
- outra ideia é colocar um pacote de gelo no peito 30 minutos antes de cozinhar o peru; assim, o peito começa a cozinhar com uma diferença de temperatura e a carne escura acaba cozinhando mais devagar.

Mas isso não é tudo. A complexidade do processo é enorme, pois há muitos fatores que também podem afetar o cozimento. Do ponto de vista científico, é curioso notar também que há diversos autores que propuseram diferentes soluções termodinâmicas para o problema, tentando encontrar alguma equação que descreva o processo (o que é bem complicado, pois não é um processo linear). Uma regra básica que encontrei foi a seguinte: calcule aproximadamente 40 minutos de forno médio (180°C) para cada quilo da ave (peru sem recheio). Contudo, naturalmente isso depende de muitos fatores e pode variar de maneira muito drástica, considerando a qualidade do forno, se há recheio e como o peru foi preparado antes do cozimento.

Um dos elementos essenciais é a umidade. O líquido evapora durante o cozimento por um processo chamado migração de umidade. Os produtores de aves geralmente injetam caldo e outros ingredientes antes da venda, para manter o máximo de umidade na carne. Esse caldo contém sal, que mantém a habilidade de segurar líquidos. Alguns perus são injetados com fosfato de sódio, para deslocar o pH da ave e empurrar os filamentos para longe uns dos outros e deixar mais espaço para os líquidos. Por outro lado, perus que não foram congelados serão mais úmidos. O congelamento quebra células e permite que líquidos escapem. Só que hoje é difícil comprar um peru que não tenha sido congelado. Para contrabalançar o congelamento, você pode injetar caldo no peru descongelado ou mergulhá-lo em salmoura por um par de dias na geladeira. Isso pode acrescentar um pouco de umidade e sabor ao peru. Mas também se corre o risco de exagerar. Muito sal pode danificar a textura, a umidade e o sabor.

Em resumo: todos os que se aventuraram na cozinha sabem da dificuldade de cozinhar um peru sem que ele fique seco demais. A melhor maneira de aprimorar uma receita é testando, errando, testando de novo... E fazendo isso quantas vezes for necessário para mudar as variáveis e ver qual funciona melhor. Esse processo é uma bela analogia com a ciência, feita de forma empírica todos os dias por milhões de cozinheiros no mundo todo, verdadeiros cientistas experimentais. Assim como em todas as receitas, há muita ciência por trás de um bom cozinheiro.

O grande problema do peru é que, na maior parte das vezes, só pensamos nele uma vez por ano e não temos tempo de "experimentar" demais na cozinha. Como em qualquer receita, o melhor método é testar, provar e tentar de novo, caso algo não dê certo. Faça isso antes da ceia, para evitar mais um assunto na já provavelmente conturbada reunião familiar!

A complexidade
de tirar
um bom café

Já notaram que, entre as bebidas que saboreamos com frequência, o café é uma das poucas que não vêm finalizadas para o consumo?[1] Por exemplo, vinho e cervejas artesanais são comprados prontos para beber. As únicas variáveis que podem afetar o sabor, no caso dessas bebidas, são a conservação e a temperatura em que são servidas. Já o café é diferente, pois o sabor varia consideravelmente dependendo da origem, torrefação, moagem e preparação final.

Assim como no dia a dia do laboratório de pesquisa, a produção de uma boa xícara de café depende de diversas variáveis, que precisam ser controladas para conseguir repetir o processo, caso o resultado seja positivo. Entre essas variáveis, estão a temperatura, as características físico-químicas da água usada, a distribuição de tamanhos do pó de café, a quantidade de água, o tempo e também, é claro, a qualidade do grão. Algumas pessoas gostam de um café mais forte, como um expresso, que contém entre 8% e 10% em massa de constituintes do café (92% a 90% de água). Outros preferem cafés mais fracos, com concentrações de 1,2% a 1,5%.

Para fazer um café com essas concentrações, há várias técnicas: coador (de pano ou de papel), café turco, café árabe, *aeropress*, prensa francesa, cafeteira italiana (Moka), entre outras. Dá também para diluir um café expresso com água, até atingir o índice do café filtrado (conhecido como americano). Apesar de alcançar aproximadamente a mesma concentração de café na xícara, cada um desses métodos resulta em um café com gosto muito diferente. Há métodos nos quais o pó de café é completamente imerso na água, e outros que fazem a água fluir através de uma camada de café. Do ponto de vista físico, a principal diferença é a temperatura do pó de café que é mais elevada no sistema de imersão (no qual também é possível controlar melhor o tempo). Uma temperatura mais elevada permite extrair melhor e mais rápido o gosto do café, mas provoca também a extração de compostos indesejados, que resultam em gostos não muito agradáveis (como gosto de madeira, grama, mofo, entre outros).

Os diferentes sistemas de fluxo são mais complicados que os de imersão. Na questão da moagem, não há consenso. Alguns acham que o ideal é moer o café tão fino quanto possível para maximizar a área superficial, o que permite extrair os sabores mais gostosos em altas concentrações. Outros, no entanto, acham que o melhor é moer o pó em tamanhos maiores para evitar a produção de partículas finas que deixem sabores desagradáveis. Além disso, o tamanho dos grãos e sua distribuição influenciam diretamente na velocidade do fluxo. A razão café/água também importa, evidentemente. Quando se usa um pó mais fino para aumentar a extração (mais superfície de café), a água flui mais devagar e invariavelmente é mudado o tempo de contato entre a água e o café. Eventualmente poderíamos diminuir a razão café/água usando menos do primeiro, mas quando a massa de café é reduzida, o tempo de fluxo também decresce. Ou seja, a otimização do café filtrado tem diversas dimensões, que influenciam uma à outra.

Há outras variáveis mais sutis, como a química da água e o frescor do café. Sobre a qualidade, a acidez da água pode ter um efeito considerável, pois o café é uma bebida ácida. Água que contém baixos níveis de íons de cálcio e bicarbonato (HCO_3^-) resulta em um café mais ácido, com um paladar amargo. O oposto produz uma xícara com sabor que remete a giz (calcário). O ideal é ter uma água com concentração de bicarbonato controlada e intermediária. Só que, no cotidiano de nossas casas, não sabemos qual é essa concentração. Teste fazer um café com água mineral com alta concentração de bicarbonato (como água com gás) para experimentar o resultado.

O frescor do café também é fundamental. O café torrado contém uma quantidade significativa de CO_2 e outras moléculas voláteis que estão presas na matriz do café sólido. Com o tempo, essas moléculas orgânicas gasosas escapam do grão. Com menos moléculas voláteis, o sabor do café fica mais pobre. A maioria das boas cafeterias não serve café com mais de quatro semanas a partir da torrefação. Para retardar esse processo, a sabedoria popular indica que o ideal é guardar o café em um recipiente fechado no freezer, o que é comprovado na química pela famosa equação de Arrhenius.[2]

Com tantos detalhes que fazem a diferença, não é à toa que nem sempre tomamos uma boa xícara de café. As variáveis são complicadas e difíceis de reproduzir, além de ter uma boa dose de subjetividade. E sequer cheguei perto de explorar a complexidade do assunto, pois naturalmente esse gosto tem também a ver com o acompanhamento (e sabor residual na boca), o ambiente (temperatura, oxigênio, ruído), a história pessoal (nostalgia, momento da vida), entre outros. O universo já é complicado, e nossa interação com ele, mais ainda. O bom é que temos a cada dia mais opções de bons cafés, e boas cafeterias, para testar e consumir a cafeína, tão importante na vida cotidiana.

Notas

[1] O texto que me inspirou a escrever este capítulo foi publicado em *The Conversation*, intitulado "Brewing a Great Cup of Coffee Depends on Chemistry and Physics", de Christopher H. Hendon. Disponível em: <https://theconversation.com/brewing-a-great-cup-of-coffee-depends-on-chemistry-and-physics-84473>. Acesso em 5 fev. 2018.

[2] A velocidade observada de uma reação química aumenta com a elevação da temperatura; essa elevação, no entanto, varia muito de reação para reação. A velocidade de reação k varia fortemente quando se altera a temperatura. A relação entre ambas foi descoberta em 1887 por Van't Hoff e, independentemente, em 1889, por Arrhenius. A relação, conhecida como equação de Arrhenius, é: $k = Ae^{\frac{-Ea}{RT}}$, onde A é o fator de frequência; Ea, a energia de ativação; R, a constante de gases ideais; T, a temperatura absoluta. De acordo com a equação de Arrhenius, o valor da constante de velocidade k aumenta com a temperatura. Isso significa que um aumento da temperatura deve produzir um aumento da velocidade da reação e vice-versa.

Sopa fria, café quente

Estava voltando para casa, no fim da tarde, quando uma repórter me ligou com uma curiosa pergunta:

— Por que quanto mais "denso" é o líquido, mais rapidamente ele esfria? Uma xícara de chá ou café demora mais para esfriar que a mesma quantidade de sopa cremosa, por exemplo.

Essa pergunta me pegou completamente desprevenido. Jamais esperaria ser indagado sobre algo tão insólito, assim... de supetão. A pergunta envolve alguns dos conceitos que levam à maior confusão quando aprendemos Física ou, mais particularmente, Termodinâmica.

Não há nada mais instigante para um cientista do que um bom desafio. Não conseguia pensar em outra coisa, a não ser sobre a transferência de calor e as leis da Termodinâmica. Voltei para casa e consultei alguns livros e páginas na internet. Considerando os três processos possíveis de perda de calor – a convecção, a radiação e a condução –, a densidade do líquido só poderia afetar o resfriamento deles se a diferença na viscosidade alterasse de alguma forma as correntes de convecção (quando existem diferenças de temperatura em um líquido, formam-se correntes, chamadas de convecção, que movimentam o fluido, uniformizando a temperatura em todo o volume) no interior da sopa. Isso provocaria um resfriamento não uniforme e a superfície ficaria mais fria do que o interior da sopa. Mas a pergunta se referia, em princípio, a uma temperatura uniforme em todo o volume do líquido.

Ao pensar na pergunta, voltei-me à percepção de que há tantos fenômenos cotidianos que são curiosos e, que, no entanto, não percebemos. Esse é um de tantos exemplos incríveis que acontecem com a transmissão de energia térmica, tão comum em nosso dia a dia.

O próximo passo foi verificar se, realmente, a observação era verdadeira. Quem disse que isso ocorre mesmo? O fato é que sim, é verdade. Estudantes motivados por seus professores têm realizado o experimento em laboratórios e feiras de ciência: realmente a água (ou o chá, ou o café) demora mais para esfriar do que a sopa. E dá para testar isso com líquidos diferentes. O importante é proporcionar condições experimentais idênticas, ou seja, os recipientes usados devem ser iguais, mantidos na mesma temperatura ambiente e com a mesma temperatura inicial. Certamente, se mantivermos o mesmo líquido (a água, por exemplo) em um prato de sopa e em uma caneca, ele irá esfriar mais rapidamente no prato de sopa, que contém maior superfície exposta à temperatura ambiente.

Na realidade, o importante não é a densidade do líquido, mas a sua composição. O fator preponderante nesse caso é uma grandeza conhecida como calor específico, desde que consideremos que os dois líquidos tenham massas iguais e sejam mantidos em recipientes idênticos e sujeitos às mesmas condições de perda de energia. O calor específico relaciona a energia térmica transferida (ou calor) com a variação de temperatura de um dado material, sendo mais precisamente a quantidade de energia (em Joules, no Sistema Internacional) necessária para mudar a temperatura (de um grau Celsius) de um quilo do material. Graças às características únicas das ligações do hidrogênio, a água tem um calor específico muito alto, chegando a 4.200 J/kg°C. Quando o calor específico é elevado (como é o caso da água, do chá e do café), é necessário extrair uma quantidade de energia maior para atingir uma mesma variação de temperatura do que no caso de algum sólido ou líquido com calor específico menor. No caso da sopa, que contém gorduras e sólidos em suspensão, o calor específico é bem menor do que o da água. Logo, em condições equivalentes, esfriará muito mais rapidamente do que o chá ou o café.

Há outros exemplos diários em que o mesmo fenômeno é comprovado: quem nunca queimou a boca com uma batata quente? Dada a grande quantidade de água na batata, ela demora mais para esfriar do que outros alimentos (ela é até utilizada para aquecer as mãos em países frios).

O interessante é que o oposto também é verdadeiro, ou seja, é mais rápido aquecer uma dada quantidade de sopa (fornecendo uma determinada quantidade de energia) do que aquecer a mesma massa de água, devido à diferença de calor específico desses líquidos. Outro ótimo exemplo é o leite integral, que ferve muito mais rapidamente do que a água.

Partindo de uma pergunta aparentemente boba do cotidiano, encontramos a explicação em uma propriedade física que não só elucida a questão inicial, mas que também é responsável por outros inúmeros fenômenos observados na natureza. Dá para imaginar que a brisa marítima também ocorre por causa da diferença de calor específico entre o mar e a terra?

A Física sob
um cobertor de lã

Como se aquecer em uma noite fria? O cobertor realmente esquenta? Poucos atos exigem tanta coragem quanto sair da cama em uma manhã gelada. Além da preguiça natural, ao ficar de pé, fora das cobertas, logo sentimos frio. Imediatamente, temos de vestir mais roupas para nos aquecer.

Esse truque somente funciona porque o nosso corpo é uma fonte de calor. As fibras musculares estão continuamente se contraindo e relaxando, realizando trabalho (no sentido físico), enquanto vários açúcares estão sendo metabolizados pelo organismo e quebrados até se tornarem subprodutos de menor energia. A maior parte desse trabalho é imediatamente transformada em calor. O corpo humano tem um termostato muito sensível, que mantém a temperatura próxima a 36°C-37°C. Essa temperatura geralmente é bem maior do que a temperatura ambiente (com exceção de alguns dias infernais de alto verão).

Quando a pele perde calor muito rapidamente, sentimos frio. Isso pode ocorrer em um dia de inverno, quando estamos em um ambiente com ar-condicionado ou quando estamos com febre elevada, mesmo em um dia com uma temperatura agradável. Nessas situações, o organismo responde com maior atividade muscular (por exemplo, calafrios e tremedeiras) e com a contração dos capilares próximos à pele. As pessoas que vivem em locais muito frios podem se adaptar ao ajustar a sua dieta. Os esquimós, por exemplo, para manter um metabolismo basal mais elevado – ideal para combater o frio –, têm uma dieta mais rica em proteínas do que a maior parte das pessoas que vivem em latitudes mais baixas. Quando sentimos calor ou praticamos algum esporte, porém, suamos para aumentar a taxa de transferência de calor do corpo com o ambiente que nos cerca.

Existem basicamente três mecanismos de perda de calor: convecção, radiação e condução. A diferença de temperatura entre uma região e outra em um meio líquido ou gasoso cria fluxos que buscam homogeneizar a temperatura, o que é conhecido como convecção. Assim, a taxa com que perdemos calor depende da quantidade de pele exposta às correntes de ar e certamente aumenta quando estamos expostos a ventos fortes. Quanto mais frio for o ar, mais rápida é a perda de calor. Agora, se não há vento, ou se ele é muito fraco, o mecanismo dominante de perda de calor é a radiação térmica. De fato, qualquer objeto com uma temperatura acima do zero absoluto irradia calor; quanto mais quente estiver, mais ele irradia. Contudo, esse objeto também pode absorver calor do ambiente, em uma taxa que depende da temperatura do meio. Quanto maior a diferença entre o meio e o corpo, maior a taxa de radiação. Assim, ao sair em um dia frio, a diferença entre a temperatura do nosso corpo e a temperatura ambiente leva a um aumento da perda de calor por radiação. Além das perdas por convecção e radiação, podemos também perder calor por condução, como ocorre quando pisamos com o pé descalço em um piso frio.

Ao vestir uma roupa ou ao hibernar sob um aconchegante cobertor, diminuímos as correntes de ar próximas à pele e, assim, minimizamos as perdas de calor por convecção. Fora isso, os cobertores e os agasalhos para o frio possuem fibras que são intimamente dobradas e facilitam a formação de bolhas estacionárias de ar no seu interior. O ar que permanece próximo à nossa pele por alguns instantes é aquecido, o que faz com que a variação de temperatura seja menor entre o ar e o corpo, reduzindo igualmente a taxa de perda de calor por radiação. Para completar, sabe-se também que o ar tem uma condutividade térmica muito baixa, o que dificulta ainda mais a troca de calor do corpo com o meio (esse princípio também é utilizado, em países mais frios, nas janelas, que são feitas de diferentes camadas de vidro, que ajudam a manter o ambiente mais isolado termicamente). Isso explica por que o método "cebola" em dia frio funciona: ao usar um dado número de camadas de roupa, aumentamos a quantidade de bolhas de ar e nos mantemos mais aquecidos.

Certamente, há outros meios mais interessantes de aquecer o corpo em uma noite fria. Mas, nesses casos, a Física apenas não é suficiente para explicar todos os fenômenos envolvidos...

Rumo ao ouro, com ciência e tecnologia

Nada como as Olimpíadas para vangloriar o aprendizado da Cinemática e da Dinâmica nos temidos cursos de Física. Basta uma emocionante corrida de 100 metros rasos para, finalmente, podermos entender a utilidade do estudo do movimento retilíneo uniformemente acelerado. Ou, ainda, os incontáveis saltos nas modalidades ornamentais, ginástica olímpica e hipismo, por exemplo, para agradecermos por ter aprendido a decompor movimentos.

Nunca pensou nisso e está pensando agora? Sem problemas. De fato, o conhecimento profundo da Mecânica fundamental pode ajudar os ginastas no desenvolvimento de rotinas mais complexas na busca de uma nota dez. Modalidades como ginástica rítmica, ginástica artística, nado sincronizado e saltos ornamentais valem-se de saltos, giros e piruetas, com restrições impostas pelo momento angular. Modelos computacionais do movimento do corpo humano, baseados nas equações de movimento e conservação de momento angular, têm sido utilizados como auxiliares no treinamento. Essas simulações podem ajudar a identificar movimentos relativamente simples que levam a saltos mais complexos.

Apesar de todos conclamarem o lema que "o importante é competir", ninguém vai às Olimpíadas para perder. Em todas as modalidades se observam avanços, ano após ano, decorrentes de melhorias em dietas, treinamentos, exercícios musculares, fisiologia ou de aperfeiçoamentos em acessórios utilizados por atletas. Apesar disso, os progressos nas performances alcançadas são muito lentos e acredita-se que, em algumas modalidades, já se tenha atingido o limite do potencial físico e fisiológico. Nessas modalidades, como as corridas e a natação, alguns centésimos ou milésimos de segundo podem fazer a diferença entre a medalha de ouro e a de prata. É claro que, ao serem utilizados acessórios como varas, raquetes, calçados, velas, remos etc., buscam-se melhorias constantes nos materiais e no *design* desses acessórios para que os atletas possam alcançar marcas melhores. Com isso, melhorias discretas, mas significativas, vão sendo alcançadas.

Um exemplo interessante é a corrida de 100 metros rasos, em que os tempos foram continuamente decrescendo ao longo do século. No início do século XX, as taxas de melhorias giravam em torno de 0,015 segundo por ano; mas agora, no século XXI, estão na ordem de 0,001 segundo por ano[1] – ou até menos –, o que demonstra que o limite físico está sendo atingido. Certamente muita coisa mudou em um século, incluindo melhores cronometragens, apoios para a largada, tênis, alimentação e treino dos corredores, só para citar alguns exemplos. Mas, nesse caso, curiosamente, não há nenhum momento específico na história que indique uma melhoria significativa no desempenho dos atletas, sendo uma corrida essencialmente dominada pela habilidade do ser humano em vencer seus próprios limites.

Um caso curioso ocorreu na natação, que teve uma polêmica interessante no final do século XX e início do século XXI com incríveis melhorias tecnológicas desenvolvidas a partir de pesquisas altamente sofisticadas. Na Olimpíada de Sydney, em 2000, por exemplo, alguns nadadores começaram a utilizar um traje que cobria todo o corpo, para reduzir o atrito do corpo com a água. Apesar de esse atrito superficial ser relativamente pequeno em comparação com as demais forças contrárias ao movimento do nadador na água, ele pode provocar atrasos de alguns centésimos de segundos, cruciais para uma medalha ou um recorde. Algumas fábricas de roupa esportiva desenvolveram esses trajes com pequenas ranhuras que imitam os dentículos dérmicos dos tubarões, que são como minúsculas nadadeiras microscópicas. Essas ranhuras criam vórtices imperceptíveis na água perto do nadador, dificultando o fluxo de água ao longo do corpo e, assim, reduzindo o atrito.

Essas roupas também evoluíram. Alguns fabricantes investiram anos em pesquisas para notar que, na realidade, a textura da pele do tubarão muda conforme a região do corpo para poder acoplar o fluxo de água às diferentes formas de sua anatomia. Essa melhoria foi implementada e variava, inclusive, conforme o sexo do nadador e a modalidade de nado escolhida. Mas após o mundial de natação de Roma, em 2009, a Federação Internacional de Natação (Fina) resolveu proibir os chamados "supermaiôs". Ficou vetado o uso de "qualquer dispositivo ou maiô que possa aumentar a velocidade, a flutuação ou a resistência durante uma competição", de acordo com a regra da entidade máxima do esporte.

Além da ciência básica, necessária para compreender alguns lances e algumas características dos esportes, a tecnologia está cada vez mais presente em todas as modalidades esportivas, sempre acompanhada de novas polêmicas. Citamos aqui alguns exemplos, mas, infelizmente, a ciência e a tecnologia não aprimoram somente aspectos positivos. O desenvolvimento de novas drogas, difíceis de detectar em exames *antidoping*, leva muitos atletas, treinadores e dirigentes ávidos pelo sucesso a buscar essas soluções antiesportivas. De qualquer modo, o uso da tecnologia no esporte, em suas diversas variações, deve sempre ser limitado por regras estritas, para garantir que a competição permaneça sempre justa.

Nota

[1] Ver Adit S. Majumdar e Robert A. Robergs, "The Science of Speed: Determinants of Performance in the 100 m Sprint", em *International Journal of Sports Science & Coaching*, v. 6, n. 3, pp. 479-93, 2011. Disponível em: <https://journals.sagepub.com/doi/pdf/10.1260/1747-9541.6.3.479>. Acesso em: 12 nov. 2020.

Como uma onda
no mar...

Imagine-se na praia, na beira do mar, curtindo a vida enquanto toma sol. Há um rádio ligado, tocando uma música legal, mas ao fundo você consegue ouvir a cadência regular das ondas do mar. Nada como um momento de tranquilidade para pensar um pouco em... Física! Você observa um surfista aguardando uma boa onda e percebe que ele sobe e desce, porém praticamente não sai do lugar enquanto as ondas sucessivas vão passando (a não ser quando ele consegue "pegar" a onda e viajar com a velocidade do seu deslocamento). Você é capaz de perceber inclusive a velocidade das ondas, mas nota que não é a água que se move, e sim a forma da onda é que vai se deslocando. Quando essas ondas quebram na praia, você percebe que elas carregavam uma quantidade de energia razoável, pois, dependendo do tamanho delas, são capazes de derrubar uma pessoa. Imediatamente, você conclui que as ondas carregam energia, mas não transportam matéria.

A observação continua. Só temos as ondas da água nessa cena idílica? Na realidade, não. Estamos cercados de ondas por todos os lados. A própria luz do sol, que chega aos nossos olhos e ilumina todas as coisas, além de bronzear a pele, é uma "onda eletromagnética". A onda de FM que chega até o rádio, a partir da estação transmissora, também é uma onda eletromagnética. Os sons que saem do alto-falante do rádio, das ondas do mar e da boca das pessoas ao seu redor também são ondas, de outro tipo, chamadas "ondas sonoras". E, se fôssemos olhar a matéria em nível microscópico, também veríamos inúmeros exemplos de ondas.

Assim, temos diversos tipos de ondas na natureza, que variam significativamente umas das outras. Contudo, elas têm características similares, que permitem que a sua descrição matemática seja comum. As ondas são sempre geradas a partir de um movimento repetitivo, de algo que se move para a frente e para trás de modo contínuo. Chamamos esse movimento de vibração. Desse modo, alguma fonte fornece energia na forma de uma vibração, que, dependendo do meio, criará algum tipo de onda. Essa onda, apesar de não transportar massa (ou partículas), com certeza transportará energia. Como isso é possível? Ora, isso é possível porque a matéria desloca-se levemente de sua posição de equilíbrio e transmite a instabilidade para a matéria vizinha, e assim por diante.

Para deixar isso mais claro, imaginemos um longo pedaço de corda no chão. Você pega uma das extremidades e movimenta a mão, no sentido lateral, para a esquerda e para a direita, tentando seguir um ritmo constante. Imediatamente, verá a formação de uma onda na corda, que reflete o movimento de vibração da mão e que vai, pouco a pouco, se propagando nessa corda. Se você fixar o olhar em um ponto específico da corda, verá que ele praticamente não sai do lugar, ou melhor, ele não se movimenta com a corda. Ele apenas oscila para a esquerda e para a direita, apesar de a onda como um todo estar se propagando para a frente. Na realidade, é a forma da onda, e não a matéria, que viaja longas distâncias.

De maneira geral, toda onda transporta energia sem transportar matéria. No caso da corda, a mão que vibra transmite energia à corda, e as ondas resultantes carregam parte dessa energia através da corda. Imagine uma formiga desavisada que está andando na outra extremidade da corda. Certamente, ela será jogada longe pela energia da onda que se propaga.

Mas como as ondas são formadas? Como elas viajam? O que faz elas se moverem? Em busca dessas respostas, a ciência se ocupa de entender a natureza das ondas para aplicar esse conhecimento aos mais diversos fenômenos em que as ondas estão presentes, incluindo não só ondas do mar e ondas em cordas, mas também todas as ondas eletromagnéticas (luz, micro-ondas, TV, rádio, raios X), ondas sonoras, ondas sísmicas, entre outras. O estudo das ondas elétricas e magnéticas levou ao desenvolvimento e à unificação do eletromagnetismo, e ao entendimento da luz e dos fenômenos ópticos. Ao tentar conciliar os achados do eletromagnetismo (em particular a velocidade constante da luz), Einstein desenvolveu a teoria da relatividade restrita. E as ondas também são a base de entendimento e complexidade do mundo quântico, com muitos desdobramentos interessantes. Sem notar, somos cercados por ondas, mesmo longe da praia...

Revoada
auto-organizada

Qual é a semelhança entre um grupo de pássaros (voando na incrível formação em V), o fluxo dos líquidos, a transferência de calor e o alinhamento dos ímãs? E mais, o que tudo isso tem a ver com o controle de tráfego de veículos em estradas movimentadas? Parece piada, mas não é!

Todos esses fenômenos têm íntimas analogias entre si e, na visão dos cientistas, o entendimento de um dos problemas pode ajudar a desvendar o outro, e assim por diante. Grupos de físicos teóricos aplicaram modelos conhecidos em magnetismo, aliados a teorias de fluxo de fluidos e transferência de calor, para tentar desvendar o mistério do porquê os pássaros normalmente conseguem manter uma formação em V para voar. Em princípio, a mesma teoria poderá ser usada em caso de outros animais que andam em grupo, como manadas de búfalos ou grandes cardumes. Além disso, como perspectiva de aplicação da teoria, é possível pensar na compreensão do processo de formação de engarrafamentos no trânsito que, às vezes, surgem sem motivo aparente.

Para começarmos a pensar no porquê da formação em V do grupo de pássaros, temos de compreender que, quando um pássaro move as asas para baixo, aparece uma corrente de ar para cima na sua vizinhança. Essa corrente pode ser aproveitada por um pássaro que está localizado ao lado para economizar energia, usando parcialmente a força já feita pelo colega da frente. Utilizando a formação em V, todos os pássaros (menos o da frente) podem se beneficiar um pouco do esforço dos companheiros, e o grupo como um todo economiza uma quantidade de energia razoável (realizando revezamentos frequentes para não sobrecarregar o coitado do líder). Do ponto de vista social, a formação em grupo pode ajudar a espantar possíveis predadores e também facilitar a ação para um eventual ataque ou defesa.

Mas o problema aqui levantado é entender como os pássaros conseguem manter essa disposição em V de forma dinâmica, realizando piruetas e atuando como se possuíssem uma única mente. Das teorias existentes para explicar o fenômeno, podemos destacar uma desenvolvida pelo grupo do físico húngaro Tamás Vicsek a partir de 1993.[1]

Para tentar descrever esse fenômeno, o grupo utilizou um modelo matemático análogo ao que já era conhecido há muitos anos para explicar o magnetismo de materiais ferromagnéticos, dos quais os ímãs são ótimos exemplos. Esses materiais dependem essencialmente das interações somente entre átomos vizinhos, que permanecem fixos. As informações e os eventuais erros são transmitidos por um processo de tipo difusivo, ou seja, de modo lento, de vizinho a vizinho, até que seja transmitido ao material como um todo (algo parecido com o jogo do telefone sem fio).

Os pesquisadores então simularam computacionalmente a situação de um grupo de pássaros, considerando que cada pássaro seria afetado somente por seus vizinhos mais próximos e que cada um – conforme determinado passo do programa – olharia para os seus vizinhos e se moveria no sentido médio definido por eles. Os pesquisadores até introduziram fatores do mundo real, como imperfeições no julgamento e na ação, o que provoca erros, que são espalhados lentamente por todo o grupo. Entretanto, havia ainda problemas com esse modelo, conhecido como modelo de Ising,[2] pois uma formação bidimensional estável não poderia se formar utilizando apenas a analogia magnética. Nesse modelo, a informação e o erro eram transmitidos por um método mais lento e menos eficiente, conhecido como difusão vizinho a vizinho (como ocorre quando se joga uma gota de tinta em um copo de água). O processo de difusão é muito lento, e as informações e os erros são compartilhados por poucos pássaros, sem se "diluir" no grupo todo.

Outros pesquisadores ampliaram posteriormente essa ideia inicial ao considerar que o grupo de pássaros se move como um fluido. Para isso, adicionaram a equação de Navier-Stokes, que descreve o movimento tridimensional de um fluido, assemelhando-se muito à realidade. Ou seja, os pesquisadores começaram a pensar no bando de pássaros como um líquido, deixando para segundo plano as interações individuais entre os pássaros vizinhos. Desse modo, conseguiram descrever como a densidade do grupo muda com o tempo, ou seja, como varia a distância média entre as aves. Finalmente, pôde-se entender como um grupo específico de pássaros consegue se manter unido, mesmo na presença de erros e mudanças bruscas de direção por parte de cada um deles.

Do ponto de vista matemático, o bando de pássaros tornou-se um fluido fora do equilíbrio, um sistema com uma complexa equação que inclui um termo de ruído aleatório (que descreve os imprevisíveis erros de julgamento dos pássaros), extremamente difícil de resolver para encontrar o movimento do grupo em geral. Apesar de complicado, conseguiu-se mostrar que a própria forma das equações faz com que os erros aleatórios individuais sejam rapidamente diluídos através de todo o grupo, ao contrário do que acontecia no caso do "modelo magnético". Além disso, a solução dessas equações revelou que o grupo de pássaros pode ter enormes flutuações em densidade, isto é, de um momento ao outro os pássaros podem estar muito próximos ou bem separados e mudando de posição continuamente, mas ainda formando um grupo.

Esse é um exemplo muito interessante – e bastante complicado – de como na ciência nunca podemos subestimar nenhuma ideia. Modelos matemáticos que surgiram em contextos completamente diferentes ajudam a explicar fenômenos que observamos na natureza. Entender um caso ou uma situação aparentemente inúteis à primeira vista pode não só ajudar a testar modelos, mas também oferecer pistas para entender outros assuntos. A partir do caso dos pássaros, verificou-se que o sistema estar fora do equilíbrio e se comportar como um líquido pode permitir que erros se diluam rapidamente, mesmo em um plano bidimensional. Isso pode auxiliar, por exemplo, na compreensão de como se dá o trânsito nas grandes cidades. Os modelos matemáticos são uma representação simplificada, uma idealização, da realidade e podem servir para diversas situações (às vezes, para algumas que nem eram previstas).

Façamos uma comparação do caso de pássaros com uma situação no trânsito. Um motorista desatento, por exemplo, está dirigindo um carro a 100 km/h em linha reta em uma rodovia. O celular toca, o motorista atende e logo se distrai levemente, mudando a direção do carro em 10 graus. Isso implica uma mudança de velocidade na direção da estrada para aproximadamente 98,5 km/h, o que não é muito. Mas isso implica também uma mudança enorme na velocidade lateral, que passou de repente de 0 a mais de 17 km/h. Em resumo, enquanto a velocidade lateral do automóvel muda enormemente, a velocidade na direção da estrada não se altera de forma significativa. Esse rápido acontecimento pode ter uma grande influência no trânsito da rodovia, dependendo de como ele está configurado naquele momento. Essas variações bruscas podem provocar freadas inesperadas, que serão transmitidas para todos os veículos na estrada (que infelizmente não têm os graus de liberdade dos pássaros). Muitas vezes acontece uma lentidão no trânsito sem causa aparente, que pode ter sido provocada muito tempo antes por reações dos motoristas.

Algo similar pode ocorrer em um grupo de pássaros, e a grande dificuldade era entender como esse erro aleatório não iria se propagar até os outros pássaros e confundi-los, destruindo o grupo. Nesse caso, o espalhamento rápido do erro entre diversos pássaros ajuda o grupo a se autocontrolar, diluindo o erro. Esse processo é muito parecido com um processo de transferência de calor, conhecido como convecção. É o que ocorre, por exemplo, ao aquecer água em uma panela. A convecção é o método mais eficiente de transferir calor em grandes escalas e, no modelo dos pássaros, ela é utilizada para espalhar o erro e diluí-lo pelo grupo rapidamente.

Como em todos os problemas complicados, o entendimento da dinâmica de um bando de pássaros tem muito a ser desenvolvido. Ainda faltam inserir no modelo outros fatores que os pássaros utilizam, como a temperatura e o campo magnético da Terra. Mas cada estudo realizado já é um passo importante para poder modelar um grupo de animais que se movem por distâncias curtas e entender que eles dependem das informações de seus vizinhos para definir uma direção, um sentido de movimento e permanecerem juntos. Deve-se considerar também que a teoria foi feita apenas para duas dimensões. Além de ampliá-la para três dimensões, deve-se tentar prever como se forma um grupo a partir de um movimento desordenado inicial.

Com a melhoria dos sistemas computacionais e o avanço dos modelos matemáticos, abordagens como essas estão mais resolvidas e mais bem compreendidas. Os novos avanços já incluem pesquisas relacionadas a revoadas auto-organizadas de drones, por exemplo. Hoje também ouvimos falar de carros autônomos que precisam avaliar o ambiente e tomar decisões rápidas sobre o seu entorno, assim como um pássaro em voo. Quem diria que, ao tentar entender o comportamento do voo de um grupo de pássaros, poderíamos avançar no desenvolvimento de veículos que não precisam de ninguém ao volante e de estratégias que façam da hora do *rush* um evento menos trágico para milhões de pessoas ao redor do mundo?

Notas

[1] Confira um artigo interessante sobre o assunto: Nagy et al., "Hierarchical Group Dynamics in Pigeon Flocks", em *Nature*, v. 464, n. 7.290, pp. 890-93, Apr. 2010. Disponível em: <https://www.nature.com/articles/nature08891>. Acesso em: 20 jun. 2020.

[2] Modelo matemático proposto pelo físico Ernst Ising em seu doutorado em 1925, muito usado em Mecânica Estatística, que consiste em variáveis discretas que representam momentos de dipolo magnético que podem estar em um de dois estados (+1 ou -1), e cada momento interage com seu vizinho somente. Esse modelo tem sido usado no estudo de diversos fenômenos nos quais pedaços de informação, interagindo aos pares, produzem efeitos coletivos.

A Física do canto do canário

O canto dos pássaros é um belo exemplo de quantos mistérios a natureza pode nos oferecer e quão pouco conhecemos ainda. Gostamos do canto do canário, pois essa ave canta de um modo harmônico e agradável aos nossos ouvidos. Mas como os canários aprendem a cantar? Qual é a relação entre o sistema nervoso do pássaro e sua biomecânica? Como em todas as áreas da ciência, ainda há muitas questões em aberto, mas podemos ir tentando entender as coisas pouco a pouco.

Físicos argentinos e estadunidenses fizeram um modelo simples da produção sonora no órgão vocal de canários e conseguiram reproduzir surpreendentemente bem o canto desses pássaros.[1] Os pesquisadores sabiam de antemão, a partir de dados experimentais anteriores, que o órgão vocal do canário – a siringe – gera som por meio da vibração das membranas, que abrem e fecham a passagem do ar entre a garganta e os pulmões. Em seu modelo, os pesquisadores consideraram que essas membranas funcionam como uma mola simples, abrindo e fechando de modo harmônico, para modificar o tamanho da passagem de ar. Eles também assumiram que o pássaro controla, com dois mecanismos, o som emitido: mudança controlada na pressão do ar nos pulmões, e controle muscular para modificar a elasticidade e a dureza das membranas da siringe.

A siringe é o órgão que produz o som vocal das aves, sendo parte do tubo respiratório. Pode estar localizado na traqueia –

bifurcação entre traqueia e brônquios – ou nos brônquios. Esse órgão possui tanto membranas que vibram quando ocorre a expiração, durante o processo respiratório, como músculos que promovem maior ou menor distensão das partes vibratórias, produzindo os mais variados sons. Algumas aves são desprovidas de siringe (por exemplo, o urubu), mas mesmo assim podem produzir sons vocais pela vibração de outras partes do tubo respiratório. Além do som vocal, as aves produzem sons instrumentais, que independem das vias respiratórias. Por exemplo, o tamborilar do bico dos pica-paus, a canalização de ar pelas penas de voo dos beija-flores e o bater, nos tucanos, de uma das maxilas contra a outra.

Ao variar esses dois únicos parâmetros, o modelo proposto pelos pesquisadores consegue recriar de modo satisfatório três notas emitidas por canários. Dessa forma, eles verificaram que modificações muito simples em um sistema básico podem gerar uma riqueza vocal complexa. Esse resultado é interessante, pois ainda não se sabe ao certo qual é a parcela do som que provém de instruções do cérebro (processamento central) e qual é decorrente da física complicada dos órgãos vocais (origem periférica).

Esses estudos podem ajudar a compreender também o fenômeno da fala humana, uma vez que, tanto em espécies de pássaros quanto em seres humanos, essa habilidade não está presente no nascimento, mas é aprendida logo no início da vida. E certamente a boa música, proveniente dos canários ou dos seres humanos, é algo que sempre comove, seja pelas emoções que provoca, seja também pela beleza da física envolvida em cada nota emitida.

Nota

[1] Ver T. Gardner et al., "Simple Motor Gestures for Birdsongs", em *Phys. Rev. Lett.*, v. 87, n. 22, 26 out. 2001. Disponível em: <http://link.aps.org/abstract/PRL/v87/e208101>. Acesso em: 20 jun. 2020. Ver também uma revisão recente sobre o canto dos pássaros em G. Mindlin, "Nonlinear Dynamics in the Study of Birdsong", em *Chaos* 27, 092101, 2017.

Limbo de fronteira
(e linguístico)

Há situações na vida em que basta um pedaço de papel, uma assinatura ou simplesmente um carimbo para tornar um fato banal em um momento potencialmente crítico para o nosso futuro. Aconteceu comigo em 1991: ia de Budapeste, na Hungria, para Košice, na atual Eslováquia, para participar de um congresso de Física.

Dada a facilidade do transporte ferroviário, bem como a possibilidade de conhecer lugares pitorescos, escolhi esse meio como forma de me locomover, apesar da distância razoável entre as duas cidades. Eram umas quatro horas da madrugada quando o trem parou na fronteira entre os dois países para o controle de passaportes por parte da polícia de fronteira eslovaca. Apesar de ser agosto, fazia frio de madrugada, e aqueles policiais enormes iam entrando nas cabines com ar assustador.

Ao ter o meu passaporte inspecionado, comecei a sentir um frio na barriga pelo olhar inquisidor do brutamontes bigodudo que olhava para minha foto e para mim, em pequenos relances de poucos milissegundos de duração. Não deu outra: o meu pressentimento ruim se confirmara. Ele chamou o seu supervisor, que investigou com o mesmo cuidado o meu passaporte e, depois de longos minutos, solicitou a presença do chefe, que devia estar dormindo tranquilamente em seu posto de comando. Após algum tempo, juntaram-se ali, discutindo naquela língua eslava incompreensível para mim, uns cinco policiais, que começaram a esboçar um interrogatório.

O problema de comunicação surgiu imediatamente, pois as pouquíssimas palavras que eles balbuciavam em outra língua que não fosse o eslovaco eram em russo ou alemão. Nada de inglês, espanhol, italiano, quanto menos português. Mesmo assim, consegui entender que eles acreditavam que meu visto, tirado no consulado eslovaco em Veneza, tivesse a assinatura da consulesa falsificada. Nessas horas, não adianta argumentar, discutir, chorar, implorar. Nada. Simplesmente me mandaram ficar quieto, pegar as minhas malas e descer do trem, pois já estava atrasando demais a viagem do restante dos passageiros honestos.

Estaria eu na tal Torre de Babel, perdendo a capacidade de me comunicar com o outro e me fazer entender? Nessas horas é que podemos perceber a pluralidade das línguas ao redor do mundo e as diversas maneiras de nos fazer entender – sim, porque mesmo confuso consegui compreender algo do que estava sendo falado ali. Estima-se, aproximadamente, que haja cerca de 7 mil línguas "vivas" ao redor do mundo, ou seja, aquelas que ainda têm falantes nativos, mesmo que poucos. As línguas consideradas oficiais por países, Estados etc. são em torno de 500. Isso sem falarmos nas "línguas mortas", aquelas que, por não terem mais falantes nativos, entraram em desuso, apesar de terem registro gramatical e ortográfico documentados. Aí aparecem o tão famoso latim e algumas línguas indígenas.

Outras reflexões vieram dessa experiência, como me questionar por que essas e não aquelas ou outras são as línguas mais faladas e/ou conhecidas no mundo. Por que temos tanto acesso a determinadas línguas e outras mal reconhecemos o som? Por que somos bombardeados por uma língua e não por outra? Bem... Aí já estamos indo para uma reflexão sobre os processos de ocupação e colonização de vários territórios no mundo. Isso perpassa também questões políticas e econômicas, fora a busca pelo poder e pela hegemonia, para citar só algumas.

Obviamente que essas reflexões não foram feitas ali. Então lá estava eu, às cinco horas da manhã, em um minúsculo posto de fronteira entre a Hungria e a Eslováquia, sem perspectivas de solução, pois não conseguia me comunicar com ninguém; e, pior, sem passaporte, que havia ficado retido com os policiais eslovacos. O desespero tomou conta de mim e uma profunda dor de cabeça se apoderou do pouco que restava de minha capacidade de tomar decisões. Fazia frio e decidi descansar um pouco no interior do posto policial.

Lá encontrei uma dúzia de pessoas na mesma situação que a minha. Alguns ciganos, alguns árabes e um russo, que veio me oferecer umas pequenas maçãs em fase de deterioração. Sentia-me mal para comer e agradeci, indicando que não tinha fome. Ele me respondeu em um inglês macarrônico que seria melhor eu aceitar, pois aquilo era o único alimento que havia por ali. Ele já estava esperando havia cinco dias e praticamente todo o alimento de que dispunha era fornecido por uma velha macieira que ele havia encontrado nas redondezas. O sentimento de desespero chegou ao seu ápice naquele momento, e a sensação de impotência foi enorme diante de tanta arrogância e tanto desentendimento. O futuro se tornou incerto e o destino passou a depender de uma maldita assinatura em um pedaço de papel.

Horas se passaram. Havia uma espécie de gozação mútua entre os policiais de fronteira. Os húngaros riam e imitavam os eslovacos, insinuando que ainda não haviam conseguido superar tantos anos de ditadura em seu modo de agir. Os eslovacos, por sua vez, sisudos e carrancudos, respondiam xingando em sua língua e mostrando os diversos passaportes apreendidos, inclusive o meu, como troféus de vitória.

Já no final da tarde, exausto, deprimido, encolhido e sem opções, fui chamado pelos guardas eslovacos, que aparentemente disseram que foi um erro e que estava tudo bem. Eu poderia prosseguir no próximo trem que passasse em um par de horas. A sensação de alívio não foi imediata, demorou horas para ocorrer, como um lento processo de relaxação. Fiquei à mercê de um bando de policiais de fronteira, mantido em uma espécie de limbo geográfico por algumas horas, sem passaporte, sem mobilidade, sem país, sem comunicação, sem perspectivas. Esse espaço limitado de não ser é geralmente criado pelo mero exercício de poder de funcionários de escalões inferiores que, cansados de receber ordens e culpas diariamente, recorrem à vingança descontando nos únicos pobres coitados que estão abaixo deles na hierarquia ou fazendo sofrer quem depende deles para escapar de algum limbo cotidiano. Com isso sentem prazer e descarregam a sua raiva. Situações similares ocorrem diariamente em postos policiais, em consulados, na previdência social, nos postos de saúde, nas escolas e nas fronteiras.

Passado um bom tempo, essa reflexão, volta e meia, ainda ecoa. Ao assistir ao filme *O terminal*, de Steven Spielberg, aquela antiga sensação experienciada na fronteira da Hungria e da Eslováquia me veio à tona: eu me vi na mesma situação do personagem principal interpretado por Tom Hanks. Diferentemente de mim, ele estava em um mega-aeroporto nos Estados Unidos e a língua não era o seu principal problema. Tom Hanks interpreta um cidadão aparentemente honesto que se depara com uma situação da qual ele não consegue escapar por culpa de uma brecha na legislação e devido à intervenção decisiva de um funcionário do terminal que torna o assunto em uma questão pessoal. Mas, apesar de o filme retratar uma polícia estadunidense caridosa, solidária e simpática com os estrangeiros, quem já entrou nos Estados Unidos, principalmente após os atentados de 11 de setembro de 2001, sabe muito bem que a situação nem sempre é bem assim. Em geral, basta qualquer indício de suspeita para ser preso, interrogado, preso ou deportado. É a nova configuração do terror que espalha o medo e alastra o limbo da fronteira para a vida diária, em que não somos mais nada, a não ser potenciais vítimas ou terroristas. E aí entra, novamente, a reflexão sobre o porquê de algumas línguas serem hegemônicas e outras não.

A percepção
da altura
de sons complexos

De acordo com a convenção de 1960 da *American National Standards Institute*, a altura (*pitch*) de um som é definida como "o atributo da sensação auditiva em termos da qual os sons podem ser ordenados em uma escala de baixo até alto (grave até agudo)". Como todas as sensações, a altura de um som é uma quantidade subjetiva, mas que de alguma forma está fortemente relacionada às características físicas do estímulo. Para tons puros, a altura é ligada principalmente às frequências das componentes do som, embora possa depender também do nível de pressão do som. Para sons complexos, à altura somam-se a dependência do timbre do som e de sua duração. Desse modo, estudos da percepção da altura de sons complexos têm sido um dos campos mais interessantes do estudo da psicoacústica nos últimos anos.

A investigação científica da altura tem uma longa história, pois se sabe que Pitágoras já se interessara pelo assunto. Outros grandes nomes, tais como Von Helmholtz (com seu célebre livro *On the Sensations of Tone as a Physiological Basis for the Theory of Music* [Sobre as sensações do som como base fisiológica para a teoria da música], 1862), Ohm (postulando a conhecida lei acústica de Ohm) e Békésy (prêmio Nobel de Medicina de 1961) também. As primeiras teorias de percepção consideraram que a altura era percebida no nível periférico do sistema auditivo, mas teorias posteriores indicaram que intenso processamento auditivo central era necessário para perceber a altura de um som. Entretanto, evidências experimentais mais atuais indicam que o processamento ocorre em vários pontos da via auditiva central. Assim, os modelos mais recentes integram o processamento periférico e o central, mas ainda há muitos aspectos da percepção da altura que permanecem mal explicados.

De fato, o problema da percepção da altura de sons complexos é um tema que vem intrigando gerações de pesquisadores das mais diversas áreas. Do ponto de vista histórico, um experimento fundamental ocorreu em 1843 (chamado Sirene de Seebeck), mostrando a existência de uma altura resíduo (também conhecida como "fantasma") mesmo quando o som estímulo não possui harmônicos[1] na frequência que seria a frequência fundamental do som completo. Outro experimento crucial no estudo da percepção da altura foi realizado por Schouten e colaboradores no final dos anos 1930, no qual os autores eliminavam o harmônico fundamental de um som complexo, mas a altura do som permanecia inalterada na frequência do harmônico ausente.[2] Na realidade, nosso sistema auditivo continua percebendo a mesma altura ainda que diversos harmônicos iniciais sejam removidos. O timbre do som muda significativamente, mas a altura percebida continua a mesma. Esse fenômeno é conhecido como o problema do harmônico ausente, altura virtual ou percepção resíduo. Em muitos instrumentos musicais, é possível produzir harmônicos superiores sem a nota fundamental estar presente. Em um caso simples, como em uma flauta doce, isso tem o efeito de elevar a nota em uma oitava; porém, em casos mais complexos, outras variações também podem ocorrer (de fato, isso é parte do método normal para a obtenção de notas mais altas nos instrumentos de sopro). Num instrumento de cordas, se beliscarmos uma delas com um dedo da mão direita enquanto tocamos levemente (sem pressionar) com um dedo da mão esquerda nessa mesma corda em determinados pontos diferentes (correspondendo aos harmônicos), podemos ouvir de forma distinta o harmônico correspondente, porque os outros harmônicos assim são eliminados ou têm sua intensidade consideravelmente diminuída.

Nos últimos anos, entretanto, houve avanços significativos, provavelmente devido ao desenvolvimento de equipamentos eletrônicos, computadores e novos modelos físicos e matemáticos. Além disso, pesquisas interdisciplinares têm sido cada vez mais estimuladas, o que provoca uma rica troca de informação entre as mais diversas áreas que investigam o funcionamento do nosso organismo. Algumas novas teorias, desenvolvidas a partir de argumentos universais do comportamento de sistemas dinâmicos, parecem ser bastante promissoras para explicar não só a presença do resíduo, mas também o deslocamento deste quando as componentes do som também são deslocadas.

Mas tudo isso pode vir a ser importante ou é uma mera curiosidade científica? Graças ao resíduo, podemos perceber a música que é produzida por um velho e pequeno rádio de pilhas, que tenha uma saída quase imperceptível em baixas frequências. Ou ainda é possível que um órgão possa produzir uma bela música em uma igreja. De algum modo, a altura fantasma parece ter um papel fundamental na percepção musical e na inteligibilidade da fala. O resíduo pode ser a base do baixo fundamental de Rameau, por exemplo, que forma junto aos seus análogos mais modernos os elementos-chave para a estruturação melódica e harmônica de sons musicais. Dessa maneira, a compreensão da percepção da altura fantasma poderia contribuir para a construção de uma teoria da música com sustentação objetiva.

No que se refere à compreensão da fala, já se sabe que aparelhos auditivos que fornecem sons precisos nas frequências fundamentais produzem melhores resultados em indivíduos com deficiência auditiva do que uma simples amplificação. A partir desses estudos, pode-se entender melhor a resposta em frequências e distorção harmônica das próteses auditivas. Além de auxiliar pacientes com deficiência auditiva, compreender os mecanismos do reconhecimento da fala certamente tem uma importância fundamental na tecnologia moderna; inclusive para o desenvolvimento de sistemas computacionais que possam integrar informação auditiva e visual de reconhecimento, sem erros, do discurso humano, com as mais diversas nuances na fala que distintas pessoas possam vir a ter.

Assim, uma melhor compreensão sobre os mecanismos básicos atuantes na percepção da altura irá permitir uma consequente evolução nas suas diversas aplicações na tecnologia, nas artes e na medicina, por exemplo.

Notas

[1] Qualquer som complexo pode ser matematicamente descrito como a soma de ondas simples com diferentes frequências e amplitudes. O ouvido identifica a frequência do chamado harmônico fundamental, que geralmente é a onda de maior amplitude. Os demais sons que compõem esse conjunto de sons simultâneos são chamados de sons harmônicos ou de sobretons. Os sons harmônicos são os múltiplos inteiros obtidos a partir do som correspondente à nota fundamental. Por exemplo: uma nota "F" emitida tem como harmônicos: 2F, 3F, 4F e assim por diante. O harmônico 1F é a própria fundamental.

[2] Posteriormente, eles adicionaram um tom puro com altura próxima à do som complexo, mas não idêntica, para verificar se os indivíduos testados ouviam algum tipo de batimento; mas nenhum batimento foi ouvido pelos indivíduos testados. Tal experimento parecia dar suporte à teoria da periodicidade da altura, pois levando em conta que o ouvido produz um produto de distorção, como proposto por Von Helmholtz, algum batimento teria de ser sentido.

O poder
da audição

Durante o ensaio de uma orquestra, o maestro interrompe intempestivamente a execução da sinfonia para dar uma bronca em um dos violinistas: "Você desafinou levemente no segundo dó do compasso 43!". Como ele fez para reconhecer, no meio de tantos músicos, apenas um que desafinou ligeiramente?

Além da localização sonora, que praticamente todos temos, existem algumas pessoas que possuem uma habilidade extraordinária de reconhecer a frequência fundamental de um som (altura ou *pitch*, em inglês) sem a necessidade de um som de referência. Essa habilidade, muito rara (provavelmente presente em menos de 0,01% da população), é denominada "ouvido absoluto". É interessante comparar essa habilidade com o reconhecimento absoluto da cor sem comparação com padrões. Reconhecer o vermelho, por exemplo, é uma habilidade comum em aproximadamente 98% da população (excetuando apenas 2% de daltônicos em algum grau). Por outro lado, o sistema auditivo tem uma incrível capacidade de comparação de alturas, que não tem similar em outros sentidos. Quase todas as pessoas conseguem dizer se um tom é mais agudo ou mais grave que outro e, após algum treino, podem-se reconhecer intervalos entre tons com variados graus de precisão. No entanto, nós não conseguimos julgar se uma cor tem o dobro da frequência de uma cor de referência, por exemplo. Apesar de ser objeto de estudo há muitos anos e das diversas teorias já propostas, os cientistas ainda não foram capazes de entender completamente o "ouvido absoluto". Na realidade, apesar de anos e anos de pesquisas, ainda não se sabe ao certo como o nosso ouvido é capaz de discriminar tantas frequências com tanta precisão e velocidade, e muitos fenômenos auditivos, conhecidos como ilusões acústicas (como o mistério da "altura fantasma ou resíduo", por exemplo), permanecem ainda sem uma explicação definitiva. Assim como esses, outros fenômenos peculiares da nossa audição seguem intrigando os pesquisadores da área (e qualquer curioso que pare para pensar sobre a incrível acuracidade e versatilidade do sistema auditivo).

Além da altura, somos capazes de identificar a intensidade, a duração e o timbre (qualidade) de um som e sua localização sonora. Parte das funções da audição é realizada no órgão periférico auditivo. O som que chega à orelha é conduzido até a cóclea, que o transforma em impulsos elétricos. O sistema nervoso central tem um papel decisivo no processamento desses dados, que são avaliados, filtrados e reorganizados até adquirirem significado.

E de que mais o sistema auditivo humano é capaz? A orelha responde a estímulos de pressão sonora que variam enormemente. A potência de um som muito forte pode chegar a ser 12 ordens de grandeza (ou 1.000.000.000.000, um trilhão de vezes) superior que a do som mais fraco que podemos ouvir. Nos sons mais fracos, as vibrações do tímpano chegam a ter amplitudes da ordem atômica, e mesmo assim conseguimos identificar o estímulo. O sistema auditivo ainda inclui um engenhoso sistema de proteção contra pressões sonoras elevadas (mas que não é suficientemente eficaz para evitar perdas auditivas por exposição a sons mais intensos que os encontrados na natureza). O intervalo de frequências que ouvimos varia muito entre as pessoas, mas em geral se considera que o ser humano é capaz de ouvir sons entre 20 Hz e 20.000 Hz, embora a sensibilidade varie bastante para cada faixa de frequência.

Outra qualidade interessante do sistema auditivo é a seletividade. Dos sons misturados de uma orquestra, somos capazes de selecionar o som de um único instrumento. Em um ambiente barulhento, com muitas pessoas falando simultaneamente, é possível focar a atenção em um único interlocutor. E, mesmo durante o sono, uma mãe ou um pai podem responder a um soluço do bebê, mas não acordar com um temporal. Conseguimos "filtrar" sons neutros, como o barulho de uma geladeira ou do ar-condicionado, mas reclamamos do som de uma torneira pingando.

O sistema auditivo humano é complexo em sua estrutura e impressionante em seu funcionamento. A possibilidade de escutar, analisar, interpretar, reconhecer e processar informações sonoras como parte do processo de comunicação é uma característica peculiar que devemos aprender a admirar e preservar. E para os cientistas representa ainda uma vasta área para explorar e entender.

O mistério oculto
do magnetismo

Os fenômenos magnéticos foram talvez os primeiros a despertar a curiosidade do ser humano sobre o interior da matéria. Os primeiros relatos de experiências com a "força misteriosa" da magnetita (Fe_3O_4), o ímã natural, são atribuídos aos gregos e datam de 800 a.C. A primeira utilização prática do magnetismo foi a bússola, inventada pelos chineses na Antiguidade.

Foi a partir do século XIX que os fenômenos magnéticos ganharam uma dimensão muito maior, em especial depois da descoberta de sua relação com a eletricidade, pelos trabalhos de Hans Christian Oersted, André-Marie Ampère, Michael Faraday e Joseph Henry, por exemplo. No final do século XIX, diversos fenômenos magnéticos já eram compreendidos e tinham inúmeras aplicações tecnológicas, das quais o motor e o gerador elétrico eram as mais importantes. Hoje em dia, os materiais magnéticos desempenham papel essencial em diversas aplicações tecnológicas.

Nas aplicações tradicionais, como em motores, geradores e transformadores, os materiais magnéticos são utilizados em duas classes principais: os ímãs permanentes, que têm a propriedade de criar um campo magnético forte e constante; e os materiais doces, ou permeáveis, que são aqueles que servem como núcleo dos eletroímãs, bastando enrolar um fio de cobre em volta do material para produzirem um campo magnético muito maior ao que seria criado apenas pela corrente.

Há uma terceira aplicação dos materiais magnéticos, que tem tido grande desenvolvimento a partir do final do século XX. Trata-se da gravação magnética. Essa aplicação é baseada na propriedade que tem a corrente em uma bobina, na cabeça de gravação, de alterar o estado de magnetização de um meio magnético próximo. Isso possibilita armazenar no meio a informação contida em um sinal elétrico. A recuperação ou a leitura da informação gravada é realizada por meio da indução de uma corrente elétrica pelo meio magnético em movimento na bobina da cabeça de leitura ou com a utilização de materiais estruturados artificialmente, como multicamadas magnéticas chamadas de "válvulas de *spin*". A gravação magnética é essencial para o funcionamento dos antigos gravadores de som e de vídeo (fitas, disquetes), de inúmeros equipamentos acionados por cartões magnéticos e de computadores (discos rígidos magnéticos).

Há outras possibilidades de uso de materiais magnéticos fora essas três aplicações citadas. Voltados para diversos fins, tais usos podem ser essenciais para a sociedade e para o corpo humano em um futuro próximo. Além das pesquisas aplicadas em indústrias consolidadas, como a da gravação magnética, há várias pesquisas em magnetismo e materiais magnéticos que mereceriam destaque.

A perspectiva de utilização de materiais magnéticos nanoscópicos para diagnóstico e tratamento de doenças, por exemplo, tem crescido desde o início do século XXI. Esses materiais poderiam atuar como marcadores específicos, agentes de transmissão de medicamentos a regiões específicas do organismo ou mesmo como elementos ativos de tratamento. Após conectar nanopartículas magnéticas a células cancerosas, é possível aplicar um campo magnético alternado suficientemente forte para movimentar tais partículas e aquecer localmente o tumor, provocando a eliminação do câncer sem os indesejados efeitos colaterais da quimioterapia e/ou da radioterapia. Essa técnica é conhecida como magneto-hipertermia e já vem sendo testada com sucesso para o tratamento de diversos tumores. Além disso, o desenvolvimento de sensores magnéticos permitirá outras formas de diagnóstico, como a magnetoencefalografia, hoje em dia proibitiva por causa do custo.

Outra aplicação útil seria na área ambiental, em que partículas magnéticas poderiam ser utilizadas no caso de um vazamento de óleo, facilitando a coleta, a recuperação e a limpeza da área afetada. Nesse caso, nanopartículas magnéticas com superfícies especialmente desenhadas para "grudar" no óleo poderiam ser despejadas na água contaminada e, com um eletroímã poderoso, esse óleo seria contido para limpeza, por exemplo.

Ao diluir partículas magnéticas em meios líquidos, é possível modificar a viscosidade do líquido com a aplicação de um campo magnético. Esses fluidos, chamados magnetorreológicos, já são utilizados pela indústria automobilística para fabricar amortecedores inteligentes, que se adaptam às condições do terreno. Mas as aplicações também são diversificadas, incluindo alto-falantes de alta qualidade, joelhos mecânicos, estancamento de sangue em cirurgias, entre outros.

Milhares de outras aplicações poderiam ser citadas, mas as mencionadas já bastam para dar uma ideia da importância dessa área na tecnologia, também presente no cotidiano. É interessante ressaltar que o desenvolvimento tecnológico vem ocorrendo paralelamente a pesquisas básicas, pois o magnetismo é uma área da Física da Matéria Condensada, que tem muitas questões fundamentais ainda por responder.

Gravação magnética e spintrônica

Em 7 de abril de 2018, faleceu o físico alemão Peter Grünberg, aos 78 anos. Ele foi um dos descobridores do fenômeno conhecido como magnetorresistência gigante (GMR, do inglês *giant magnetoresistance*), que lhe rendeu o prêmio Nobel de Física em 2007, juntamente ao físico francês Albert Fert. O anúncio do prêmio dizia: "Este ano, o prêmio Nobel de Física é oferecido para a tecnologia usada para ler dados nos discos rígidos. É graças a essa tecnologia que tem sido possível miniaturizar discos rígidos tão radicalmente em anos recentes". O impacto dessa descoberta é imenso para a Física da Matéria Condensada e para aplicações diversas em gravação magnética e computação quântica.

De fato, essa miniaturização impressionante dos discos rígidos usados em computadores, celulares e outros dispositivos eletrônicos tem sido uma consequência direta da descoberta do efeito GMR, ocorrida no final dos anos 1980, de maneira independente. Tal descoberta já revolucionou a tecnologia de gravação magnética e pode vir a afetar outras áreas no futuro, como uma área em expansão: a spintrônica.

No início dos anos 1980, a área de materiais magnéticos nanoestruturados experimentava um grande *boom* na Europa, nos Estados Unidos e no Japão. Tanto Grünberg e seu grupo – no então Centro de Pesquisas Nucleares (KFA, do alemão *Kernforschungsanlage*), hoje Centro de Pesquisas de Jülich

(FZJ), na Alemanha – como Fert e seus colaboradores – na Universidade de Paris-Sul, na França – dedicavam-se à Física experimental na área do magnetismo de filmes finos e ultrafinos e de multicamadas, feitas com o empilhamento de camadas finíssimas de diferentes metais, magnéticos e não magnéticos.

Fert investigava o efeito da aplicação de um campo magnético na corrente elétrica através de multicamadas de ferro e cromo (amostras com várias camadas alternadas de Fe e Cr, cada uma com espessura de poucos átomos); Grünberg estudava efeitos semelhantes no mesmo sistema Fe/Cr, mas utilizando amostras com apenas duas camadas de ferro separadas por uma fina camada de cromo (tricamadas).[1] Os dois grupos obtiveram resultados experimentais que evidenciavam uma mudança enorme na resistência elétrica em função do campo magnético aplicado.

Vale destacar que o trabalho realizado no laboratório de Fert contou com a colaboração fundamental de um pesquisador brasileiro, o Dr. Mário Baibich, docente aposentado do Instituto de Física da Universidade Federal do Rio Grande do Sul (UFRGS). O impacto do artigo[2] foi tal que até hoje é um dos mais citados entre os publicados na *Physical Review Letters*, revista de grande prestígio na área da Física (em dezembro de 2020, já contava com mais de 12 mil citações).

Em estruturas formadas por sanduíches de ferro "recheados" com uma camada de três átomos de cromo, Fert e seu grupo de pesquisadores mediram a resistência elétrica do sistema para diferentes campos magnéticos aplicados. Quando as camadas de fora do sanduíche estão com alinhamento magnético contrário um ao outro, o dispositivo tem resistência elétrica alta. Entretanto, quando o alinhamento é paralelo (gerado pelo campo magnético externo), a resistência é menor, da ordem da metade da configuração anterior. A surpresa ao descobrir o efeito GMR residia justamente no fato de que, até então, uma variação máxima de cerca de 2% era conhecida; por isso, o fenômeno ganhou o adjetivo "gigante".

A explicação do efeito GMR é razoavelmente complexa e está fortemente relacionada à mobilidade eletrônica em materiais magnéticos. De fato, esse efeito só foi descoberto graças ao impressionante desenvolvimento de diversas áreas da Física da Matéria Condensada – em particular, o crescimento de filmes finos. Em meados dos anos 1980, era finalmente possível fabricar filmes ultrafinos e controlar esse processo de maneira adequada. Variando sistematicamente a espessura da camada de cromo, foi possível encontrar uma espessura ideal, na qual as camadas externas de ferro possuíam momentos magnéticos apontando em sentidos contrários. Nesse caso, a aplicação do campo leva a uma configuração em que os momentos magnéticos das duas camadas se alinham.

Essa mudança é fundamental para entender o fenômeno físico. O que ocorre é que os elétrons de condução dos materiais não possuem apenas a carga, mas também uma outra propriedade, denominada *spin*, que pode ter essencialmente dois valores: "para cima" e "para baixo". Pode-se considerar que a corrente elétrica é o resultado de duas correntes paralelas: uma de elétrons com *spin* para cima e outra de elétrons com *spin* para baixo. O que leva à magnetorresistência é o fato de que a resistividade elétrica depende da orientação relativa entre o *spin* do elétron e a magnetização do material. Quando os sentidos são iguais, a resistividade é baixa; quando eles são opostos, a resistividade é baixa. Assim, ao ter um sistema com orientações antiparalelas, ambos os canais de *spin* terão resistividades equivalentes, e a resistividade total do sistema será elevada. Por outro lado, quando pelo menos um dos canais tem resistividade baixa, a resistividade do sistema será baixa também.

O imenso potencial da magnetorresistência gigante para aplicações tecnológicas foi imediatamente percebido não só pelos descobridores e demais pesquisadores da área, mas também pela indústria de gravação magnética. Essa descoberta rapidamente entusiasmou a indústria da informática, que vivia de ler campos magnéticos muito pequenos nos discos rígidos ou flexíveis. Ter um efeito maior significava poder ler coisas menores e com mais precisão. A utilização da magnetorresistência gigante na construção de cabeçotes de leitura permitiu que se convertessem alterações mínimas de campos magnéticos em diferenças significativas na resistência elétrica e, por sua vez, em diferenças de sinal elétrico "facilmente" observáveis pelo cabeçote de leitura.

Poucos anos depois, em 1996, a IBM já lançava no mercado o primeiro disco rígido com cabeça de leitura de dados baseada no efeito GMR. Tal tecnologia tornou-se padrão para discos rígidos. O tamanho físico desses discos não parou de encolher desde então, enquanto a capacidade de armazenamento de dados (densidade de informação superficial gravada, normalmente medida em $bits$/polegada^2 ou $bits$/cm^2) crescia de forma contínua.

O princípio de gravação e leitura magnética é relativamente simples. Na gravação magnética convencional, um cabeçote magnético indutivo é usado para "escrever" a informação em um meio de gravação magnética (fita ou disco). Esse meio se move com relação ao cabeçote e, assim, os $bits$ (transições entre regiões magnetizadas em sentidos opostos) são gravados ao aplicar pulsos de correntes positivas ou negativas à bobina. O mesmo cabeçote pode ser utilizado para ler a informação, pois o movimento do cabeçote em relação ao meio magnético induz pequeníssimas correntes na bobina sensora que são detectadas após uma cuidadosa amplificação e processamento. O sinal obtido está diretamente relacionado com a velocidade relativa do cabeçote e com o tamanho do bit. Uma vez feita a leitura (se é zero ou um), essa informação é processada em um computador, para transformar isso em um comando específico, uma imagem, um som, que será utilizado para os mais diferentes fins.

A descoberta da magnetorresistência gigante possibilitou o desenvolvimento de uma nova tecnologia, que tem crescido continuamente nos últimos anos: os chamados cabeçotes ativos, quase sempre baseados no fenômeno da magnetorresistência. Um cabeçote magnetorresistivo pode detectar um bit de informação que passar por ele, pois este mudaria a sua resistência elétrica pela presença do campo magnético. Além disso, os cabeçotes magnetorresistivos não precisam ter uma geometria complicada; eles podem ajudar a aumentar a densidade de informação contida nos discos magnéticos atuais, já que são capazes de ler as informações mesmo em maior densidade.

Atualmente, os cabeçotes de disco rígido usam um efeito conhecido como "válvula de *spin*", que é uma adaptação inteligente do efeito originalmente descoberto. O efeito válvula de *spin* foi amplamente estudado, otimizado e implementado pelo grupo do Dr. Stuart Parkin, nos laboratórios da IBM, em Almaden, nos Estados Unidos. O uso da tecnologia de válvulas de *spin* nos cabeçotes de leitura possibilitou um aumento de mais de 100 vezes da densidade de armazenamento de informação dos discos rígidos desde 1998 até hoje.

Os discos magnéticos comerciais podem guardar mais de 50 *megabits* por centímetro quadrado (Mbits/cm^2), e é possível atingir densidades de até mais 1 *gigabit* por centímetro quadrado. A tecnologia envolvida nesse desenvolvimento é muito delicada, pois altas densidades de *bits* requerem que as cabeças de leitura e gravação sejam muito sensíveis e estejam muito próximas ao disco. Ao buscar aumentar a densidade de *bits*, há novos desafios a vencer, tanto para fabricar o material magnético do qual o disco é produzido (que deve manter a informação gravada ao longo dos anos) quanto para fabricar o material magnético do cabeçote de gravação (que faz o processo de escrever e ler a informação); sem contar com o desenho geral do sistema, no qual os atritos devem ser minimizados e as colisões evitadas. Atualmente, a maioria dos discos de computador é feita de filmes finos metálicos, de espessura inferior a 100 nanômetros, quase sempre de ligas à base de cobalto.

Além do desenvolvimento da gravação magnética, toda uma nova área da Física, conhecida como eletrônica de *spin* ou spintrônica, tem se desenvolvido a partir dessa descoberta: trata-se de um campo que promete revolucionar o conceito de armazenamento e leitura de dados no computador.

Até recentemente, todos os componentes eletrônicos utilizavam somente uma propriedade dos elétrons, a carga. Mesmo assim, maravilhas como o transistor foram desenvolvidas e aprimoradas. Contudo, após a descoberta da magnetorresistência gigante, vislumbrou-se a possibilidade de poder também controlar outra propriedade eletrônica, o *spin*, como vimos anteriormente. Com isso, vem surgindo uma série de ideias e de protótipos que utilizam as incríveis propriedades de correntes elétricas com elétrons com apenas uma direção de *spin* bem definida, que atualmente podem ser bem controlados. Já existem protótipos de transistores de *spin* e até de memórias comerciais não voláteis que utilizam essa tecnologia.

Ninguém sabe ao certo aonde essas pesquisas vão levar, mas se sabe que certamente vão revolucionar o futuro da eletrônica, da informática e até mesmo dos eletrodomésticos convencionais, com a massificação da incorporação de microprocessadores e outros dispositivos nesses produtos. Os avanços nessa área têm ocorrido a passos largos, e não está distante uma nova geração de memórias magnéticas não voláteis, computadores quânticos e outros dispositivos que hoje sequer conseguimos imaginar. Vale a pena destacar que, apesar das enormes dificuldades de fazer pesquisa de ponta no Brasil, toda essa atividade de pesquisa tem contado com a importante presença de pesquisadores brasileiros, que têm contribuído enormemente para fazer dessa área uma das mais ativas no mundo da tecnologia.

Notas

[1] Ver: G. Binasch et al., "Enhanced Magnetoresistance in Layered Magnetic Structures with Antiferromagnetic Interlayer Exchange", em *Phys. Rev. B*, n. 39, pp. 4.828-30, 1989.

[2] M. N. Baibich et al., "Giant Magnetoresistance of (001)Fe/(001)Cr Magnetic Superlattices", em *Physical Review Letters*, v. 61, n. 21, pp. 2472-75, 1988.

PARTE II

O pensamento científico

Alguns debates sobre o funcionamento da ciência e o trabalho dos pesquisadores. A necessidade da ciência básica com ética e responsabilidade social. A importância da divulgação científica para o engajamento da sociedade.

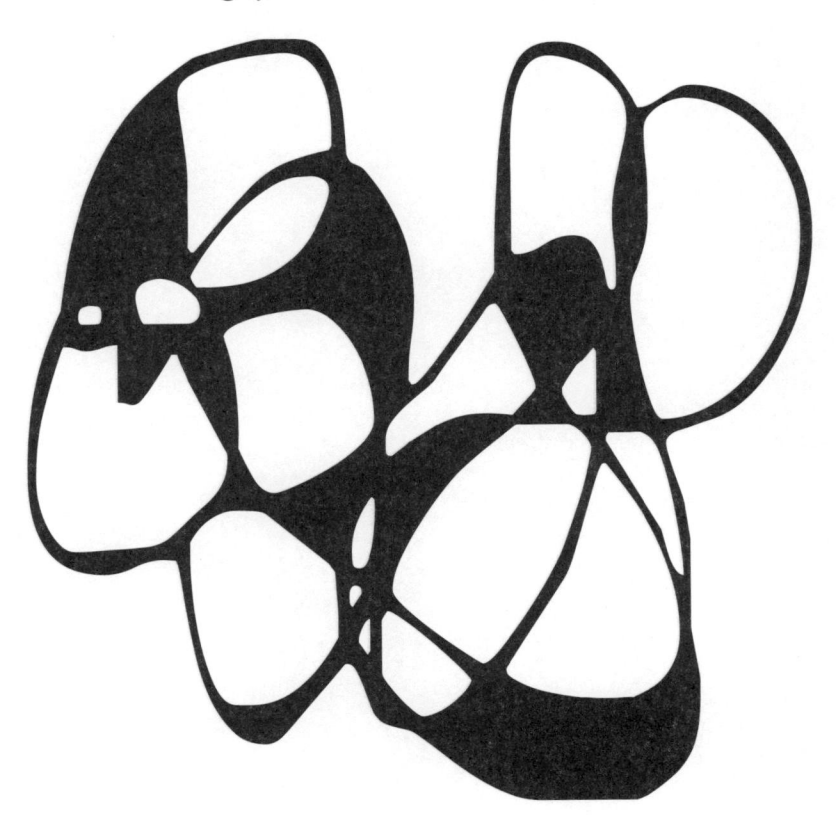

A bela
jornada
da ciência

Façamos uma experiência simples e interessante: dar a um jovem ou a uma criança um telefone de disco ou uma máquina de datilografar. Estaremos diante de uma imediata reação de estupefação. É provável que muitos deles não saibam o que são nem como funcionam esses aparelhos "esquisitos". Um sentimento de melancolia paira no ar ao reconhecermos objetos que estavam (ou estiveram) em nossas casas até pouco tempo atrás, mas que viraram relíquias. É que todo o restante veio tão rápido que não nos demos conta. Telefone sem fio, celular tijolão, celular StarTAC, iPhone, redes sociais, telas multitoques por todos os lugares, aplicativos para comprar apartamento, filtro para ficar com "cara de velho" ou "cara de bebê". Piscamos e... Como era mesmo viver sem tudo isso? É recorrente nos sentirmos incapazes de acompanhar todas essas transformações, e o resultado é a enorme angústia batizada de FoMO (*fear of missing out* ou medo de estar perdendo algo).

Essas consequências negativas, evidentemente, são superadas (ou maquiadas?) pelas vantagens das novas tecnologias. Por exemplo, temos vivido uma verdadeira revolução na área de comunicação, mas só nos damos conta disso no plano mais superficial, o do uso. Não notamos quanta ciência tem sido necessária para realizar os desenvolvimentos tecnológicos que experimentamos. Não percebemos as incríveis dificuldades que tiveram de ser superadas para serem realizados alguns avanços que passam praticamente despercebidos. Somos apresentados ao novo, depois ao mais novo, e assim cada peça do dominó da inovação cai de forma automática. Aí começam a aparecer pontos mais complexos. Quando nos damos conta, o mercado de trabalho já se transformou. E isso não toma de assalto apenas indivíduos ou empresas. O poder público (não apenas no Brasil) vive muitos passos atrás das mudanças. Há vários exemplos, como os aplicativos de transporte individual ou de entrega de comida: quantos anos leva até que prefeitos, governadores, vereadores, deputados pensem em como assimilar as inovações e estabelecer políticas adequadas para lidar com as novidades?

Hoje em dia, por vezes se comemora como salvação da humanidade a eficácia do combate a um vírus em cultura de células sem que se entenda o número de validações necessárias para que essa tecnologia possa vir a realmente tratar pessoas. A velocidade das transformações parece tão natural que achamos o cúmulo que demore mais de um ano para ser desenvolvida uma vacina contra a covid-19, quando, na realidade, seria um recorde absoluto e uma vitória impressionante da ciência.

Precisamos fazer da ciência um assunto cada vez mais presente. Nas escolas, na imprensa, nas redes sociais. Não falo apenas das aplicações práticas, mas também de toda a atividade científica e das maravilhas que vamos descobrindo sobre os seres vivos e o universo. Estimular perguntas é tão importante quanto dar respostas. Quais hipóteses são avaliadas em um estudo? Quais as chances de ele dar certo? Como comprovar que algo realmente funciona? O que se busca em determinado processo de inovação tecnológica?

Que mudanças a novidade pretendida provocará no mundo? Em quais setores? Haverá implicações éticas?

As instituições científicas e os pesquisadores precisam fortalecer a comunicação com a sociedade. É imperativo mostrar a complexidade dos processos de se fazer ciência, da necessidade de investimentos contínuos em infraestrutura de pesquisa e formação de recursos humanos, da importância de estimular a ciência e a inovação para nos fortalecermos como um país soberano, com desenvolvimento sustentável e menos desigualdades sociais. Mais do que tudo, precisamos escancarar o encanto da incrível jornada que é fazer ciência.

Preocupações sociais para o desenvolvimento coletivo

Em meio às agruras da pandemia da covid-19, passou quase despercebida a notícia, divulgada em junho de 2020, de que o número de refugiados e deslocados no mundo atingiu o maior patamar desde a fundação da Organização das Nações Unidas (ONU), em 1945, segundo relatório do Alto-Comissariado da ONU para Refugiados (Acnur). "Como de costume, fome, conflitos locais e guerras civis são os principais responsáveis por essa tragédia, que atingiu 79,5 milhões de pessoas em 2019, o que corresponde a aproximadamente 1% da população mundial, patamar jamais alcançado antes."

Os países com maior número de refugiados, segundo esse levantamento, são Síria, Venezuela, Afeganistão, Sudão do Sul e Mianmar; os países que mais os recebem são, nesta ordem, Turquia, Colômbia, Paquistão, Uganda e Alemanha. Segundo os dados levantados, 85% dos refugiados vão para países em desenvolvimento, um quadro bem diferente do que alguns poderiam supor. Cerca de 40% do total são crianças e adolescentes (com menos de 18 anos), e há um número grande de crianças que viajam sozinhas ou separadas dos pais: ao longo dos últimos 10 anos, dos 16,2 milhões de pedidos de asilo, 400 mil foram feitos por menores de 18 anos. A guerra na Síria, que já dura quase uma década, é a causa do maior fluxo de refugiados do planeta. No final de 2019, eram 6,6 milhões fora do país em busca de um local mais seguro. O segundo país com mais deslocados – fugindo não de uma guerra, mas da miséria – é a Venezuela, com 3,7 milhões.

Migrante é qualquer pessoa em trânsito, que sai do país de origem (onde é emigrante) e entra em um país de destino (onde é imigrante). Em 2017, foi promulgada no Brasil a Lei de Migração (n. 13.445, de 24 de maio de 2017). No caso genérico de migração, há uma menção importante no artigo 13º da Declaração Universal dos Direitos Humanos:

I. Todo homem tem direito à liberdade de locomoção e residência dentro das fronteiras de cada Estado.
II. Todo homem tem direito de deixar qualquer país, inclusive o próprio, e a este regressar.

Infelizmente, sabemos que isso não é real. Duas categorias importantes de migrantes são os refugiados e os asilados. O refugiado é qualquer pessoa que foge do país de origem alegando "fundados temores de perseguição por motivos de raça, religião, nacionalidade, grupo social ou opiniões políticas", em situações nas quais "não possa ou não queira regressar". No Brasil, o refúgio também pode ser aplicado em casos de "graves e generalizadas violações de direitos humanos". Internacionalmente, o assunto é regulado por uma convenção específica de 1951, acompanhada, no caso brasileiro, pela Lei n. 9.474, de 1997. Quando há um grande afluxo de civis fugindo de uma guerra, a concessão do refúgio pode ser dada de maneira extensiva a todas as pessoas de um determinado Estado que estão, por exemplo, em um campo de refugiados, sem que seja necessário individualizar as solicitações uma a uma.

Enquanto a concessão do refúgio depende de um trâmite técnico em um órgão colegiado, o asilo pode ser concedido por arbítrio específico do presidente da República, sem que seja necessário nenhum fundamento de ordem estritamente legal. É, portanto, uma ferramenta política. Esse aspecto político do asilo é manifestado no debate que estende a proteção para além do território do país de abrigo, incluindo também espaços diplomáticos e embaixadas como "território protegido" para o asilado. O asilo é regulado genericamente pelo artigo 14 da Declaração Universal dos Direitos Humanos de 1948:

I. Todo o homem, vítima de perseguição, tem o direito de procurar e de gozar asilo em outros países.
II. Este direito não pode ser invocado em casos de perseguição legitimamente motivada por crimes de direito comum ou por atos contrários aos objetivos e princípios das Nações Unidas.

Apesar de ser um país construído e formado em grande parte por imigrantes, o Brasil tem tido uma atuação bastante tímida no que se refere à questão do refúgio. Muitas pessoas têm histórias na família de avós, bisavós ou mesmo pais que vieram ao Brasil fugindo de uma situação difícil que enfrentavam no país de origem. O mais incrível é que essas situações continuam ocorrendo no mundo e estão a cada dia piores.

Mas o que isso tem a ver com ciência? Tudo, principalmente em tempos nos quais as Ciências, em especial as Ciências Humanas – já bastante desvalorizadas –, passaram a ser alvo de perseguição. No Brasil, esse cerco beira a tragédia, passando das inacreditáveis *fake news* aos violentos cortes de bolsas de pesquisa. Como é possível pensar em desenvolvimento mundial apenas pela óptica de carros que se dirigem sozinhos e da tecnologia agrícola, por exemplo, ignorando o profundo atraso crescente do ponto de vista humano? Tangenciamos o tema durante a pandemia, quando a corrida pelas vacinas foi também acompanhada, por parte da sociedade civil, de uma corrente de solidariedade, da preocupação com o que aconteceria nas favelas e de algumas atitudes conscientes, como manter a remuneração da diarista durante o afastamento pela quarentena.

Já é alguma coisa, mas ainda é muito pouco. Está mais que na hora de as preocupações sociais serem protagonistas de debates sobre inovação, por meio de instrumentos oferecidos em áreas diversas, como Sociologia, Antropologia, Direito ou Administração. Na mesma relação que citamos sobre Ciência Básica e Ciência Aplicada, valorizar tanto os estudos sem resultado aparente (mas que traçam os fundamentos para o que pode ser desenvolvido a partir deles) quanto as questões mais imediatas, o crescente problema dos refugiados é um desses temas cruciais, mas há muitos outros. Nenhuma "transformação digital" (para citar um termo da moda) de nações, de municípios, de empresas e de comunidades faz sentido se não há ideias e novos caminhos para aprimorar o desenvolvimento humano.

Publicar
e perecer

Um assunto desagradável e polêmico tem continuamente sido foco das atenções da comunidade científica internacional: erros grosseiros, plágios e má-conduta em diversas pesquisas científicas, que, infelizmente, são mais comuns do que deveriam ser. Para acompanhar o assunto, existem sites especializados, como o Retraction Watch (ver http://retractionwatch.com/). Só para se ter uma ideia, em um ano de pandemia do novo coronavírus, o site lista mais de 50 artigos que foram retirados (*retracted*) pelos editores das revistas onde foram publicados.

Exemplos famosos não faltam: o psicólogo Cyril Burt forjou dados por mais de três décadas para tentar comprovar uma teoria entre herança genética e inteligência; na "fraude do Homem de Piltdown", diversos cientistas britânicos conspiraram para levar o público a acreditar que a origem da vida humana ocorreu na Inglaterra; em 1989, Martin Fleischmann e Stanley Pons anunciaram que a fusão a frio poderia ser conseguida em um sistema simples, que depois foi completamente descartado.

Em muitos casos, os autores não são acusados de fraude, pois geralmente alegam que as conclusões se justificavam a partir dos dados que eles possuíam, e que, apesar de errados, não necessariamente caracterizariam uma má-conduta científica. De fato, algumas conclusões erradas podem ser obtidas porque o experimentador/observador comete erros. Cometer erros não é antiético, mas cometer erros sistematicamente atrai a reputação de incompetência ou negligência.

Um caso emblemático foi o do jovem prodígio Jan Hendrik Schön, pesquisador dos laboratórios Bell, um dos mais respeitados laboratórios de física do mundo. Com apenas 32 anos, o pesquisador alemão era considerado uma verdadeira máquina de trabalhar e de publicar suas pesquisas em prestigiosas revistas internacionais, como *Nature* e *Science*. Schön trabalhava na criação de transistores de moléculas e na indução de supercondutividade em esferas de carbono. Apesar de seus resultados serem fantásticos, os demais pesquisadores da área não conseguiam reproduzir a maioria dos resultados. Em maio de 2002, um grupo de cientistas informou ao laboratório Bell que eles tinham descoberto que três gráficos que apareciam em trabalhos do grupo de Schön, para diferentes sistemas e efeitos, eram absolutamente idênticos. O laboratório criou um comitê para investigar as acusações, que não só foram confirmadas, mas também ampliadas. O grupo concluiu que o pesquisador tinha falsificado ou fabricado dados em pelo menos 16 dos 25 trabalhos analisados. Schön foi despedido e seus trabalhos foram retirados das revistas nas quais tinham sido publicados. Esse caso em particular gerou um amplo debate na comunidade científica, levando a discussões e revisões sobre regras éticas de pesquisa e publicação científica.

Muitos afirmam que esses fatos simplesmente demonstram que o processo científico realmente funciona. Os resultados são publicados; outros tentam reproduzi-los sem sucesso; os dados são contestados; e finalmente desconsiderados. Contudo, para isso, incontáveis horas de trabalho de muitos pesquisadores foram necessárias, incluindo, muitas vezes, boa parte do trabalho de algumas teses de pós-graduação. Nessa discussão, aparentemente todos têm a sua parcela de culpa.

O próprio sistema de incentivos à pesquisa e a competitividade impelem à rápida publicação e em quantidade considerável. Qual é o limite? Não se sabe ao certo. Por exemplo, em 2001, Schön publicou, em média, um trabalho a cada oito dias em revistas de reconhecido prestígio. Só que isso não chamou a atenção até que as acusações de fraude fossem lançadas. Um estudo publicado na revista *Nature*[1] identificou mais de 9 mil autores considerados hiperprolíficos, com um trabalho publicado a cada cinco dias durante pelo menos um ano!

As próprias revistas de prestígio são acusadas de favorecer a publicação de trabalhos considerados "quentes", que venham a ser futuramente citados e que lhes garantam a manutenção da notoriedade. Os editores dessas revistas se defendem dizendo que eles não têm nada a ganhar com escândalos como esses, muito pelo contrário. Contudo, diversos assessores *ad hoc*[2] dessas revistas têm contestado a publicação de resultados suspeitos, mesmo contra a sua recomendação.

Nem sequer esses assessores científicos se salvam das acusações. Em geral, o sistema de publicações funciona por meio de pareceres de assessores que entendem da área específica. Apesar de quase todos concordarem que essa é a base do funcionamento das publicações científicas, esse julgamento feito pelos pares também tem sido questionado. Além das questões inerentes sobre competitividade e conflitos de interesse, muitos acham que, por se tratar de uma obrigação sem um retorno imediato – nem financeiro, nem curricular –, a maioria dos assessores apenas lê os manuscritos superficialmente, sem se preocupar com a veracidade das informações ali contidas e sem verificar publicações prévias dos autores do artigo submetido à publicação. Fora isso, para o bom funcionamento do processo, o assessor deve pressupor que os autores estão dizendo a "verdade" e confiar nos dados apresentados. Caso contrário, o processo de avaliação por pares se torna inviável.

Finalmente, entrou na discussão um assunto que até então era simplesmente ignorado: o papel dos coautores nos trabalhos científicos. No caso de Schön, o comitê afirmou que não conseguiu encontrar regras éticas claras sobre essa questão e, portanto, não condenou os coautores dos trabalhos. Entretanto, é justo que os coautores dividam as glórias do trabalho publicado, mas que não sejam responsabilizados caso algo negativo ocorra? Na realidade, na maioria das áreas de investigação, os trabalhos são divididos, e cada coautor pode contribuir de alguma forma para o trabalho sem, no entanto, estar envolvido com todos os seus detalhes. Nessas circunstâncias, o coautor não pode ser responsabilizado pelo conteúdo completo do trabalho. Outra questão é quando algum dos colaboradores é um estudante que, por exemplo, realizou a parte experimental do trabalho, mas não fez a análise de dados nem escreveu o artigo. Até que ponto ele pode ser responsabilizado por eventuais fraudes?

Sentindo-se a mais atingida, a Sociedade Americana de Física reviu o seu código de conduta, deixando-o mais claro e direto, tocando em questões antes ignoradas. O código anterior (de 1991) indicava uma série de condutas a serem seguidas durante a vida profissional do pesquisador, como: não alterar dados experimentais, responder a questões de outros cientistas e ter comportamento responsável e ético como assessor. Não havia, porém, comentários sobre como proceder em casos em que esse código fosse transgredido. O novo código de conduta define inicialmente a má-conduta e a divide em fabricação de dados, falsificação, plágio, que podem ocorrer na proposição, realização, revisão ou na publicação de um trabalho. Esses comportamentos são considerados transgressões graves, pois "podem levar outros cientistas a caminhos infrutíferos" e também "diminuem a confiança vital que os cientistas depositam uns nos outros". Esse novo código é extremamente sucinto e indica que esses procedimentos são padrões mínimos de comportamento ético.[3] Alguns tópicos básicos são:

- Resultados de pesquisas: os resultados devem ser obtidos e guardados de maneira que permitam análises futuras e revisões. Os dados devem ser imediatamente disponibilizados para os colaboradores e mantidos por um longo período após a publicação. A fabricação de dados ou a escolha seletiva de alguns resultados com a intenção de levar a conclusões diversas são consideradas faltas graves.

- Práticas de publicação e autoria: a autoria de um trabalho deve ser limitada aos indivíduos que, de fato, realizaram uma contribuição significativa no conceito, no desenho, na execução ou na interpretação do estudo em questão. Pesquisadores que de algum modo contribuíram para o experimento devem ser agradecidos, mas não colocados entre os coautores. O código sublinha claramente que plágio é um comportamento antiético e inaceitável.

- Revisão por pares: o processo de revisão por pares é considerado um "componente essencial do processo científico" e que, "apesar de ser possivelmente difícil e demorado, os cientistas têm obrigação de participar nesse processo". O código ainda indica que os pesquisadores devem evitar o conflito de interesses, seja por competição direta e colaboração, seja por qualquer tipo de relacionamento com os autores dos trabalhos.

É interessante notar que o código considera que "o erro honesto é uma parte integral da ciência. Não é antiético estar errado, desde que os erros sejam rapidamente reconhecidos e corrigidos assim que detectados". Além disso, o novo código inclui uma clara sugestão de que a ética deve ser parte integrante da educação do físico, indicando que "é parte da responsabilidade de todo cientista que seus estudantes recebam treinamento específico em ética profissional".

Notas

[1] John P. A. Ioannidis, Richard Klavans e Kevin W. Boyack, "Thousands of Scientists Publish a Paper every Five Days", em *Nature*, n. 561, pp. 167-69, 2018. Disponível em: <https://www.nature.com/articles/d41586-018-06185-8>. Acesso em: 23 set. 2020.

[2] Ao receber um artigo, os editores das revistas científicas recorrem a assessores para avaliar a qualidade dos trabalhos submetidos. Esse processo é conhecido como revisão por pares.

[3] Ver os APS Guidelines for Professional Conduct. Disponível em: <https://www.aps.org/policy/statements/02_2.cfm>.

Einstein
por todos
os cantos

E m uma imagem, basta um homem de bigode e cabelo grisalho desarrumado para imediatamente o associar-mos à figura do físico Albert Einstein, mesmo dezenas de anos após a sua morte. Isso ocorre com todos: adultos, jo-vens e até crianças. Talvez esse seja um ponto de partida inte-ressante para apreciar o alcance da presença de Albert Einstein no imaginário popular.

De fato, o que ocorre é a disseminação de sua imagem como um ídolo popular, como sinônimo de gênio; fato que costuma geralmente extrapolar os limites dos desdobra-mentos causados pela ação real da pessoa. Evidentemente, essa forte presença no imaginário coletivo não é uma medi-da da influência de suas ideias, pois, na realidade, poucos sabem de fato o que foi feito por Einstein e o que o tornou tão famoso.

Um exemplo interessante pode ilustrar essa quase onipre-sença. Um determinado site fez, em 2009, um ranking de tatua-gens e, na seção das celebridades, a inscrição "$E=mc^2$" lidera-va entre atores e bandas de rock. Na décima posição, estava "Einsteiner", relativo ao próprio Einstein.

Dificilmente poderíamos encontrar outra manifestação de cultura popular próxima do âmbito da Física teórica, envolvendo os conceitos de espaço-tempo ou os fundamentos da Mecânica Quântica. No entanto, a intensa manifestação popular ao redor de Einstein é emblemática e a análise dela poderia, talvez, desvendar aspectos tão relevantes para a sociedade quanto as contribuições do físico à cultura de maneira mais ampla. Ao estudar a vida e obra de Einstein, percebemos o alcance de suas ideias, suas teorias, seus posicionamentos e suas ações. De fato, é impressionante o impacto que podem ter ideias revolucionárias, mesmo em ciência básica, quando aliadas a uma biografia rica, um contexto turbulento e uma ação sociopolítica ativa. É espantoso ainda hoje sentir o alcance dessas ideias e ações muito além dos círculos restritos dos especialistas; os ecos de uma incrível repercussão compartilhada por um razoável grupo de ilustres artistas, políticos, filósofos e cientistas, entre outros.

Nos bancos bibliográficos de publicações acadêmicas, as citações aos artigos de Einstein não aparecem apenas nas áreas de Física e Matemática ou afins, mas também na área de Ciências Sociais e humanidades. O que, aparentemente, poderia ser estranho se pensarmos em abordagens da ciência apenas em um viés restrito a especializações e especificidades, na realidade tem um significado tão amplo quanto o da penetração e perpetuação da imagem de Einstein em diversos cenários e contextos. Sua atuação e suas opiniões sobre os mais distintos assuntos, incluindo política, paz e guerra, arte, religião, entre outros, ganharam uma relevância que extrapola a presença garantida na coluna social de celebridades.

Entender a extensão do mito Albert Einstein é uma tarefa intrinsecamente complexa, que vem sendo objeto de estudos há muitos anos. Na perspectiva científica, seus trabalhos viraram os conceitos de espaço e tempo do avesso, além de conseguir moldar um modelo consistente sobre a origem da força gravitacional. Einstein também foi um dos pioneiros da Física Quântica ao explicar o efeito fotoelétrico e, paradoxalmente, depois se tornou um dos seus principais questionadores. Aliás, foi por esse trabalho que ele ganhou o prêmio Nobel em 1921, 16 anos depois de publicá-lo. Einstein também realizou outros trabalhos menos conhecidos do público em geral em praticamente todas as áreas da Física, desde a ideia preliminar do laser (ver capítulo "Devemos investir em ciência básica?") até a explicação consistente sobre o calor específico de sólidos.

Até hoje os trabalhos de Einstein têm um forte impacto na ciência e na tecnologia. Atualmente, muito tem se pesquisado sobre Computação Quântica, em pesquisas que representam a gestação de uma nova computação baseada em fenômenos quânticos. O curioso é perceber que o trabalho seminal de Einstein, junto a Boris Podolsky e Nathan Rosen, relatava um paradoxo aparentemente incontornável na interpretação vigente da Mecânica Quântica. O título do trabalho "A descrição pela mecânica quântica da realidade física pode ser considerada completa?"[1] mostra claramente que as dúvidas de Einstein, colocadas com argumentos científicos complexos, influenciam até hoje pesquisadores em áreas de fronteira. Na época da publicação, em 1935, esse trabalho interessava a um círculo muito restrito de cientistas, mas foi o germe de uma possível revolução tecnológica.

A intensa atuação política de Einstein, suas viagens, entrevistas, conversas e cartas mudaram o modo de a sociedade encarar a ciência. Graças à impressionante repercussão de cada aparição pública, Einstein conseguiu colocar em pauta temas fundamentais e diversos tabus, incluindo a polêmica questão nuclear, o nazismo na Alemanha, a necessidade de órgãos de governança globais, o socialismo, o judaísmo, o racismo, entre outros.

Participou de fato como protagonista das principais questões da primeira metade do século XX, deixando um legado que persiste, até os dias de hoje, na ciência, na tecnologia, na filosofia e, de um modo geral, no imaginário popular. Einstein foi, portanto, participante involuntário de uma imensa rede social de ideias. O exemplo inicial das tatuagens mostra a extensão dessa rede, ainda viva e ativa no espaço e no tempo.

Nota

[1] Atualmente, o tema tratado no artigo é conhecido como "Paradoxo EPR". Ver artigo completo em: A. Einstein, B. Podolsky e N. Rosen, "Can Quantum-Mechanical Description of Physical Reality Be Considered Complete?", em *Phys. Rev.*, v. 47, n. 10, pp. 777-80, 1935. Disponível em: <http://prola.aps.org/abstract/PR/v47/i10/p777_1>. Acesso em: 10 set. 2020.

Devemos investir
em ciência básica?

Muita gente gosta de jazz. Mesmo os que não gostam tendem a admitir que a vida seria mais pobre se não existisse esse gênero musical. Admitem isso talvez porque a extinção de um tipo de música (do qual não gostam) abriria um precedente que poderia levar ao desaparecimento de outros gêneros, tais como o blues, a bossa-nova ou o rock, por exemplo. Ou seja, a evolução do jazz interessa direta ou indiretamente a todos. Entre os seus ingredientes principais, de importância central na vitalidade do jazz, estão as chamadas *jam sessions*, "as sessões de jazz após a meia-noite". São nessas apresentações que os músicos tocam o que realmente querem, depois que o grande público já foi para casa ou para outros bares. É nesse momento que experimentam, improvisam e inventam novas maneiras de tocar. Por outro lado, aos que perguntam o que é afinal de contas o jazz, os puristas dessa arte, muitas vezes, alardeiam um folclórico preconceito ao pronunciar a frase: "se você tem que perguntar o que é, você nunca vai sabê-lo". Independentemente desse mau humor, o público e a indústria cultural agradecem aos jazzistas, dos mais populares aos inveterados praticantes de *jam*.

Essa história pode ser perfeitamente transposta à ciência, suas vertentes e relações com o público e a sociedade. Em uma analogia entre o jazz e a ciência, colocaríamos a *jam session* como equivalente ao que se convencionou chamar de ciência básica (ou pura), em oposição à ciência aplicada.

De maneira bem geral, pode-se dizer que a ciência aplicada busca soluções em curto prazo, com objetivos delimitados, com uma aplicação direta em algum dado problema específico (demanda externa à comunidade científica). Por outro lado, a ciência básica busca resolver problemas de caráter mais amplo, sem um objetivo muito delimitado, e muitas vezes sem nenhuma aplicação prática aparente (demanda interna à comunidade científica). Vamos começar por um exemplo.

Logo no início da Física Quântica, nos primeiros anos do século XX, Einstein desenvolveu o conceito fundamental de emissão estimulada,[1] relacionado com propriedades intrínsecas da matéria. Dificilmente encontraríamos um estudo de ciência básica mais característico. Décadas depois, baseado nesse conceito, foi desenvolvido o primeiro protótipo de um amplificador de luz por emissão estimulada de radiação ou, simplesmente, *laser* – sigla do inglês *light amplification by stimulated emission of radiation*, que significa "amplificação de luz pela emissão estimulada de radiação". Atualmente, existem desenvolvimentos específicos de *lasers* aplicados às mais diversas áreas, da medicina à metalurgia, passando por telecomunicações, moda e eletrônica de consumo. Um técnico trabalhando no aperfeiçoamento de um *laser* de alta potência para cortes de chapas de aço, por exemplo, constitui um caso claro de ciência aplicada.

Da mesma forma, era simplesmente inimaginável, no início do século XX, prever para onde a ideia revolucionária de quantização de energia, proposta inicialmente por Max Planck, um dos pais da Física Quântica, poderia nos levar. Hoje, após mais de um século do nascimento da Física Quântica, podemos olhar para o passado e ver que quase a totalidade dos objetos "modernos" de nosso dia a dia deve a sua existência à Física Quântica. Ninguém que viveu no primeiro quarto do século XX poderia sequer desconfiar de que estudos aparentemente tão longínquos da realidade – como espectros de corpo negro, efeito fotoelétrico, espectros de emissão e absorção atômicos, entre outros objetos de estudo daquele período – formariam a base de uma teoria que seria a responsável direta pelo futuro desenvolvimento não só do *laser*, mas também de equipamentos eletrônicos, de computadores e de uma enorme quantidade de outras maravilhas que fazem parte de nosso cotidiano.

A relação entre a ciência básica e a ciência aplicada não é, no entanto, uma via de mão única. A ciência aplicada também pode dar origem a novos problemas de caráter fundamental. Vejamos a origem da própria Física Quântica. Muitas das observações experimentais feitas no século XIX, ligadas a problemas tecnológicos como o controle da temperatura de fornos metalúrgicos, simplesmente não puderam ser entendidas dentro do âmbito da Física Clássica. Os espectros de emissão térmica de corpos negros (bom modelo para um forno) só puderam ser descritos com a introdução do conceito de quantização de energia. Assim, a motivação de Planck para seus trabalhos sobre a radiação de corpo negro é também um bom exemplo de como a ciência aplicada pode levar a descobertas na ciência básica. Isso nos faz suspeitar de que a divisão entre essas ciências tende a ser inexata e artificial.

Antes de discutirmos um pouco mais detalhadamente o papel da ciência básica, vale a pena comentar sobre o atual estágio da Física Quântica, pelo menos de algumas de suas ramificações, passados mais de cem anos de seu advento. Muitos acreditam que se trata de uma ciência com os fundamentos bem estabelecidos, mas diversos estudos de Mecânica Quântica básica continuam sendo realizados e não se limitam à busca de aplicações. Não há experimentos ou observações bem documentados que a Mecânica Quântica não consiga explicar, embora um número relativamente pequeno de cientistas se preocupe (e deve se preocupar!) em estudar novos fenômenos que a formulação atual dessa teoria tem dificuldades ou limitações para compreender.

Por que então testar e voltar a testar essa teoria em novas situações encontradas na natureza (descrição mecânico-quântica das propriedades de moléculas de proteínas, por exemplo) ou criadas em laboratório (as chamadas caixas quânticas ou átomos artificiais, como outro exemplo)? Uma resposta interessante está no conceito de complexidade introduzido por P. W. Anderson nos anos 1970. Aos poucos, os especialistas foram se dando conta – e lentamente esboçando um novo objetivo científico – de que o conhecimento das leis fundamentais da natureza não garante o entendimento do funcionamento do universo. Descrever exaustivamente as pequenas peças que compõem o mundo não implica que possamos entender como elas funcionam em conjunto. Quanto maior o número de peças em um sistema, mais complexo ele se torna e novos efeitos, absolutamente imprevisíveis a partir das leis fundamentais, podem surgir. Mais um exemplo: descrever as propriedades dos metais a partir do comportamento de elétrons individuais foi um dos grandes sucessos da Física Quântica. Mas, para entender o fenômeno da supercondutividade, é necessário estudar o comportamento de um conjunto grande de elétrons interagindo entre si em situações muito específicas.

O futebol pode fornecer uma ilustração útil dessa ideia de complexidade. Trata-se de um esporte envolvendo um número razoável de participantes que estão em busca de um objetivo aparentemente simples: ganhar o jogo com esforços coletivos para colocar o maior número possível de vezes a bola no gol do adversário. O número de regras básicas que devem ser seguidas pode ser dominado por qualquer criança. O número de fundamentos (chute, drible, passes...) também é restrito. O resultado desse conjunto de regras e condições tão simples é um espetáculo complexo em contínua evolução, com valores que para todos (mesmo para aqueles que só de vez em quando assistem aos jogos da seleção brasileira) transcendem à mera torcida pelo resultado. São fenômenos coletivos, que se renovam e são reinventados desde o surgimento desse esporte, e que são imprevisíveis a partir de suas regras, seus objetivos e seus fundamentos.

No futuro, esses estudos terão alguma aplicação prática? No caso das proteínas, o conhecimento da sequência química não é suficiente para descrever (e possivelmente modificar) suas funções biológicas, que muitas vezes estão associadas à morfologia (sua forma), que necessita da Química Quântica para ser desvendada. O outro exemplo mencionado, átomos artificiais, caixas submicroscópicas feitas de semicondutores, contendo um pequeno número controlável de elétrons, podem vir a ser os componentes que realizariam o conceito de Computação Quântica nas próximas décadas.

A busca do melhor entendimento de sistemas complexos é um dos maiores desafios da ciência atual, entretanto, tentar adivinhar o futuro desses estudos não passa de um exercício especulativo. Então, até que ponto vale a pena investir em ciência básica? Muitos experimentos são caríssimos e, provavelmente, vários não levarão a lugar algum do ponto de vista de aplicações. Em outras palavras, a razão custo-benefício é compensadora? Como essa questão é frequente e sempre presente nas conversas e na mídia, vale a pena tentar levantar alguns pontos referentes ao papel da ciência em nossa sociedade; em particular, em um país em desenvolvimento como o Brasil.

Existem muitas pessoas, incluindo políticos, jornalistas e até cientistas, que acreditam no fato de que, em um país como o Brasil, não se deva incentivar a ciência básica. Voltando ao exemplo da Física Quântica, segundo o prêmio Nobel Leon Lederman, mais de 25% do produto interno bruto estadunidense depende de tecnologias que surgiram diretamente conectadas a fenômenos essencialmente quânticos.[2] Tal desempenho de uma ciência básica nem sempre ocorre, mas não devemos nos ater apenas ao "sucesso econômico direto" da ciência, e sim nos lembrar dos reflexos indiretos que ela provoca, além da complexa questão sobre a divisão entre o que é básico e o que é aplicado.

De acordo com John Ziman, em seu famoso livro *A força do conhecimento*,[3] no capítulo "Ciência e a necessidade social", a função social da pesquisa básica é encarada sob três pontos de vista distintos. O primeiro, e mais comum, já foi tratado aqui: a pesquisa básica constitui o suporte da pesquisa aplicada, mesmo que em longo prazo. Além da história da Física Quântica, há inúmeros casos na história da ciência em que princípios científicos fundamentais adquiriram enorme aplicabilidade tecnológica com o passar dos anos. Fora isso, muitas vezes, justificam-se os altos gastos em projetos mirabolantes, como levar o homem à Lua ou a construção de uma estação espacial, referindo-se à enorme quantidade de subprodutos comercializáveis que esses projetos produzem. A Nasa e os fãs de Fórmula-1 não se cansam de usar esse argumento.

O segundo ponto de vista também já foi comentado na analogia da ciência básica com as *jam sessions*: por si só a ciência básica constitui um evento estético e espiritual para a humanidade, digno de ser praticado e aclamado, como ocorre com qualquer manifestação artística. De fato, por mais que tentemos, talvez não consigamos vislumbrar uma futura aplicação para estudos de Astrofísica. Mas, ainda de acordo com Ziman, se essas pesquisas podem nos levar a um pequeno avanço no entendimento do Universo ou das perguntas "quem somos", "de onde viemos" e "para onde vamos", será que isso não vale mais do que os benefícios materiais? Afinal, de um modo ou de outro, com maior ou menor intensidade, essas questões sempre intrigaram a humanidade e são inerentes ao ser humano. Nesse contexto, o financiamento da ciência básica pode ser encarado com o mesmo espírito do financiamento de uma orquestra sinfônica. É caro? Sim, muitas vezes parece muito caro, mas a complexidade da questão impede de obter uma resposta única e precisa.

Finalmente, o terceiro ponto: uma visão político-pragmática entende que é importante a educação técnica (no sentido amplo) de estudantes de ensino superior. E quem ensina esses estudantes deve estar trabalhando em problemas desafiadores em contato com outros pesquisadores, estar motivado com o trabalho, assim como estar com a mente aberta para receber e processar novas informações para melhorar a qualidade de ensino. Nesse sentido, a universidade concentra pessoas dispostas a aprender e ensinar, altamente qualificadas, o que gera um círculo de realimentação positiva em torno dessa questão. A educação desvinculada da própria geração de conhecimento básico é problemática e leva inevitavelmente a uma queda irreparável na qualidade do ensino.

Uma sociedade desenvolvida não pode prescindir da ciência básica; aliás, nenhuma sociedade moderna tornou-se desenvolvida sem o auxílio da ciência básica. Países em desenvolvimento não têm outro paradigma ao qual recorrer em um projeto de desenvolvimento em longo prazo. A dificuldade em fazer projeções sobre custos e benefícios não constitui uma limitação da ciência básica, e sim das ciências econômicas. A discussão sobre a necessidade de financiar pesquisas de caráter fundamental não pode, portanto, estar unicamente atrelada ao avanço das ciências econômicas no cálculo de valores de difícil inserção em planilhas e balanços contábeis. Trata-se de operações de risco, cujos significados são balizados pela história e interpretados pela sociedade de acordo com o seu acesso aos resultados dessas pesquisas. Se no Brasil temos *jam sessions*, corridas de Fórmula-1, orquestras sinfônicas, devemos ter também ciência básica bem divulgada.

Notas

[1] Emissão estimulada é o processo pelo qual um átomo, quando perturbado por um fóton que incide sobre ele, emite um outro fóton. O fóton causador da perturbação não é destruído no processo e o segundo fóton é criado com a mesma fase, frequência, polarização e direção do fóton original. A emissão estimulada é um fenômeno da Mecânica Quântica que pode ser compreendido a partir do princípio da conservação da energia. O processo pode ser pensado como uma amplificação óptica e é a base do funcionamento do laser.

[2] Leon Lederman e Dick Teresei, *The God Particle*, Boston, Houghton Mifflin, 1993.

[3] John Ziman, *A força do conhecimento*, Belo Horizonte, Itatiaia, 1981.

Que brilhe
a luz!

A luz é um tema que costuma render bonitas analogias, das bíblicas às intelectuais. Gosto quando se fala, por exemplo, que "fotografar é pintar com luz" – uma definição tão lírica quanto tecnicamente perfeita. E como é fascinante quando esse tipo de radiação eletromagnética, pelas mãos de cientistas, permite revelar segredos invisíveis a olho nu!

Essa é a mágica que acontece no Sirius, um superlaboratório de 4ª geração voltado para a produção de luz síncrotron, localizado em Campinas (SP). Trata-se de um verdadeiro espetáculo, especialmente para um físico experimental, como eu. Imaginemos uma estrutura circular gigante com um túnel de 518 metros de circunferência – do tamanho de um estádio de futebol – que acelera feixes de elétrons quase na velocidade da luz pelo vácuo desse túnel, gerando... luz! Cada vez que poderosos ímãs fazem os elétrons girar na circunferência, é emitida radiação eletromagnética em um amplo espectro de frequências (e energias), que é aproveitada para revelar a microestrutura de materiais orgânicos e inorgânicos. Nas tangentes do anel gigante são montadas estações experimentais com características distintas, onde se revelam detalhes nanoscópicos dos materiais, como os átomos e as moléculas que os constituem, seus estados químicos e sua organização espacial, além da evolução no tempo de processos físicos, químicos e biológicos que ocorrem em frações de segundo. Tudo isso é feito com precisão nanométrica e com energias muito elevadas, ou seja, com muito brilho. Durante alguns anos, o Sirius será o laboratório mais avançado do mundo para estudo de materiais, construído em grande parte com tecnologia brasileira.

Com a estrutura finalizada em 2020, a previsão inicial é que o Sirius disponha de 14 estações experimentais que evoluirão progressivamente para 38. Nessas estações, analisam-se os materiais em nível microscópico quando submetidos a determinadas condições controladas, como temperatura, tensão, campo magnético, pressão, entre outras. Cada estação experimental, ou linhas de luz – como são conhecidas –, tem características e configurações diferentes para aproveitar alguma faixa específica de frequências, energia e/ou características da radiação gerada pelo anel. Há linhas de luz com raios X, com luz ultravioleta, com radiação polarizada, com configuração para realizar tomografias, cristalografia de proteínas, além da possibilidade de aplicar alta pressão, entre tantas outras.

O Sirius pertence ao Laboratório Nacional de Luz Síncrotron (LNLS), aberto à comunidade científica nacional e internacional, que por sua vez integra o Centro Nacional de Pesquisa em Energia e Materiais (CNPEM), junto a outros três laboratórios: Laboratório Nacional de Biociências (LNBio), Laboratório Nacional de Biorrenováveis (LNBr) e Laboratório Nacional de Nanotecnologia (LNNan). O CNPEM é um dos principais centros de pesquisa do país, supervisionado pelo Ministério da Ciência, Tecnologia e Inovação (MCTI), com quem mantém um contrato de gestão renovado anualmente a partir de metas bem definidas.

Os laboratórios do CNPEM têm infraestruturas mundialmente competitivas abertas à comunidade científica (no modelo de laboratório nacional), linhas de pesquisa em áreas estratégicas, projetos inovadores em parcerias com o setor produtivo, equipes multitemáticas altamente especializadas, além de ações de treinamento para pesquisadores e estudantes. O Centro constitui um ambiente movido pela busca de soluções com impacto nas áreas de saúde, energia, meio ambiente, novos materiais, entre outras. As competências singulares e complementares nele presentes impulsionam pesquisas multidisciplinares e de grande nível, como a descoberta de novos medicamentos, inclusive a partir de espécies vegetais da biodiversidade brasileira; a investigação de mecanismos moleculares envolvidos no surgimento e na progressão do câncer e de doenças cardíacas e do neurodesenvolvimento; a otimização de nanopartículas para o combate de bactérias e vírus; o desenvolvimento de novos sensores e dispositivos nanoestruturados para os setores de óleo e gás e saúde; e soluções biotecnológicas para o desenvolvimento sustentável de biocombustíveis avançados, bioquímicos e biomateriais. A ação do novo coronavírus, por exemplo, entrou na pauta de imediato do Sirius: um estudo pioneiro da estação Manacá (a primeira linha de luz a ser aberta, em plena pandemia) revelou a estrutura do vírus causador da covid-19.

Com as dificuldades financeiras e instabilidades políticas as quais temos vivenciado, não é simples progredir na consolidação de laboratórios de pesquisa de ponta com infraestrutura avançada para fortalecer competências, atrair talentos novos, aproveitar o enorme potencial de sinergia entre laboratórios nacionais, universidades e empresas, além de contribuir para a consolidação de um modelo único e fundamental para o desenvolvimento do país. Há uma evolução muito rápida de técnicas de medida, instrumentação e desenvolvimento contínuo de novos materiais e dispositivos no âmbito da ciência. Há também um rápido desenvolvimento em paralelo de diversos aspectos teóricos, o que estimula ainda mais novas possibilidades experimentais. Isso faz com que, por um lado, seja extremamente difícil acompanhar as novidades e necessidades de infraestrutura das áreas, mas por outro, abre interessantes possibilidades de campos completamente novos e inexplorados, que podem levar a resultados competitivos do ponto de vista da ciência fundamental e de aplicações tecnológicas.

Além disso, é importante ressaltar que a cultura de laboratórios nacionais no Brasil ainda não está fortemente consolidada, e há uma tendência entre os pesquisadores de reproduzir o modelo de departamentos e grupos fechados. Nesse cenário, devem ser lançadas discussões não apenas sobre a necessidade de prezar pela excelência acadêmica, mas também sobre a importância de fornecer treinamento e suporte para usuários externos, atuando em diversos sentidos para desenvolver facilidades que possibilitem uma pesquisa aberta e compartilhada de altíssima qualidade. O modelo de laboratórios nacionais é fundamental para o futuro da ciência, tecnologia e inovação no país. O sistema de governança, garantido por um contrato de gestão entre o governo federal e uma organização social, representa um modelo único, que permite compactuar metas, e assim garantir qualidade, agilidade e transparência. Esse modelo estabelece um novo paradigma para a gestão pública e o desenvolvimento da ciência e tecnologia no Brasil.

Nesse sentido, apesar de todas as crises políticas e financeiras em um cenário de instabilidade que atravessamos, o CNPEM conseguiu se consolidar, sendo responsável por planejar e construir esse que é um dos principais avanços científicos do país, o Sirius, que tem o nome da estrela mais brilhante do céu visível a olho nu. Que ao apresentar ao Brasil e ao mundo novas descobertas, sua luz permita enxergar o valor de mais instituições assim. *Fiat lux!*

E o que pensa
a sociedade?

A percepção pública da ciência e da tecnologia está se tornando cada vez mais importante objeto de estudo e de apoio à formulação de políticas para o setor. A tentativa de compreender a dinâmica complexa das interações entre as pesquisas, o desenvolvimento da tecnologia e a sociedade, ouvindo a voz da opinião pública, tem também demonstrado seu potencial como subsídio para a democratização do conhecimento e para o avanço na direção da gestão e do controle social mais democráticos da ciência e da tecnologia (C&T).

É um trabalho aliado à divulgação científica e fundamental para seu aprimoramento. Simples: para sabermos o que comunicar, é preciso compreender de que forma diferentes públicos estão ouvindo aquela mensagem, como cada expressão ou conceito é compreendido, quais os pressupostos possivelmente envolvidos e como essa mentalidade influencia comportamentos individuais e coletivos.

Diversas instituições e grupos de pesquisa têm encarado o desafio de desenvolver indicadores que permitam tanto avaliar a percepção e a compreensão da ciência quanto o engajamento na ciência por parte de um público, assim como analisar as diversas facetas da cultura científica. Para tentar mapear essa percepção sobre a ciência, esse esforço precisa ser assumido por governos, agências e pesquisadores, pois são necessárias pesquisas de opinião pública para ter uma dimensão mais ampla sobre o assunto. Apesar disso, as enquetes de opinião realizadas, os indicadores propostos e os modelos de análise utilizados têm se revelado insuficientes para descrever adequadamente tal compreensão do tema. Não há, ainda hoje, um consenso internacional ou uma padronização desses indicadores. Existe, porém, a consciência unânime da necessidade de busca de um quadro de referência teórico e da coleta e análise de dados empíricos.

Na América Latina, embora a construção de indicadores esteja ainda numa etapa inicial de desenvolvimento, já houve avanços consideráveis, com experiências de pesquisas de opinião, governamentais ou acadêmicas, em diversos países desde os anos 1990. No Brasil, a primeira pesquisa foi realizada em 1987, por encomenda do CNPq.[1] Passaram-se quase 20 anos até a realização da segunda pesquisa, em 2006. Outras pesquisas vieram a ocorrer somente em 2010, 2015 e 2019. A falta de continuidade e de planejamento desse tipo de estudo, bem como o reduzido número de grupos de pesquisa na área, tem dificultado análises mais aprofundadas com o intuito de produzir indicadores e reflexões teóricas sobre o assunto.

A partir da década de 1990, o contexto de democratização na América Latina propiciou um alargamento do espaço público. As enquetes tornaram-se aos poucos instrumentos reconhecidos e utilizados na orientação de decisões e de políticas específicas. Logo foram legitimadas por pesquisadores e profissionais da esfera pública como ferramenta para conhecer as principais tendências de opinião e de comportamento em geral, constituindo-se em um canal de conhecimento acerca de valores e atitudes, além de aspectos específicos sobre a C&T. Assim, pesquisas de opinião dirigidas ao levantamento de tendências de comportamento político e social tornaram-se veículo para a obtenção de informações sobre atitudes relacionadas ao meio ambiente, ao consumo de informações científicas, aos conhecimentos de descobertas científicas e tecnológicas e às opiniões sobre seu impacto no cotidiano. Os resultados desses levantamentos confirmam a ideia de que a presença nos meios de comunicação de questões não só públicas, mas também científicas, amplia o acesso às informações relativas a esses temas, evidenciando o impacto que eles têm no cotidiano da população.

Esse trabalho encontra hoje uma grande oportunidade de aprimoramento, com o salto de desenvolvimento de algoritmos nos últimos anos e a ampla possibilidade de coleta de dados em grande volume, do consumo à navegação por notícias. Mais do que nunca, neste momento de obscurantismo, negacionismo e de ataques à ciência e à educação, é fundamental entender o que pensa a sociedade sobre os diversos temas que estão permeando o debate público e que afetam direta ou indiretamente a nossa vida.

Na realidade, muitos assuntos relacionados à negação da ciência e às pseudociências não são novos. Contudo, as mídias sociais, alicerce da chamada "era da pós-verdade", adicionaram um novo elemento à atual onda anticientífica, elevando seu potencial impacto a níveis sem precedentes. De fato, o perigo da pseudociência, das teorias conspiratórias e de outras notícias falsas deve ser levado muito a sério, como será discutido na terceira parte deste livro. Da influência em eleições à ascensão de negadores e teóricos da conspiração, há inúmeros exemplos de eventos contemporâneos que têm sido fortemente influenciados pelas mídias sociais. Alguns estudos recentes[2] indicam que os entusiastas da pseudociência têm, nas plataformas digitais, uma vantagem sobre aqueles que aceitam e seguem a ciência. A maioria dos vídeos do YouTube relacionados às mudanças climáticas, por exemplo, se opõe ao consenso científico de que elas são causadas pela atividade humana, colocando o tema na conta das teorias da conspiração.

Aqueles que divulgam essas "paranoias" são também os que recebem o maior número de visualizações.

Infelizmente, a mudança climática está longe de ser o único tópico sobre o qual a desonestidade triunfa via plataformas digitais perante fatos científicos. O mesmo se aplica a questões como as doenças infecciosas e a vacina sarampo-caxumba-rubéola (RMM), apenas para citar alguns exemplos. Apesar de haver muitas informações disponíveis on-line sobre a segurança da vacina, falsas alegações de que ela causa efeitos nocivos se espalharam extensivamente pela internet (ver capítulo "Ameaça silenciosa", na terceira parte). Como resultado, os níveis de vacinação caíram em muitos países ao redor do mundo, abrindo as portas para o retorno de doenças quase erradicadas. Todos acompanhamos a onda de boatarias e notícias falsas relacionadas à pandemia de covid-19. São milhares, milhões de vida em jogo.

As mídias sociais desempenham um papel importante na disseminação da desinformação. Cientistas e instituições de ensino superior e de pesquisa precisam ser mais ativos no desenvolvimento de formas criativas e convincentes de comunicar descobertas de pesquisa para públicos mais amplos. Mais importante: é crucial que se tenha em mente como informações maliciosamente manipuladas podem afetar o comportamento das pessoas, seja individualmente, seja em grupo.

Enfrentar esse problema é uma tarefa complexa. Ao fornecer informações corretivas ou educacionais sobre um determinado tema, pode-se simplesmente reforçar a consciência das pessoas sobre as inverdades existentes sobre ele. Um passo importante a ser dado é superar a resistência a novas maneiras de enxergar algo a partir de uma nova perspectiva, muito conectado com as crenças e os preconceitos ideológicos das pessoas. Outro é educar, preparar as pessoas a pensar criticamente para que possam diferenciar a informação "real" da "tolice".

Cientistas e professores também precisam se envolver mais nesse conflito para garantir não só que o trabalho por eles desenvolvido seja compreendido, tampouco acabe descartado ou mal utilizado. Eles devem usar estratégias inovadoras e persuasivas para se comunicar com o público. Isso inclui a criação de conteúdo atrativo nas mídias sociais (tanto no nível institucional quanto no pessoal) com o objetivo de mudar crenças e influenciar comportamentos. Caso contrário, as vozes da academia continuarão a ser abafadas pela frequência e ferocidade do conteúdo não baseado em evidências.

Mas, para que tudo isso aconteça de maneira adequada, precisamos conhecer melhor o que pensam as pessoas, de que modo se informam, conhecem e "consomem" ciência. Precisamos investigar quais são as atitudes e o grau de informação da população perante a ciência e a tecnologia, a fim de entender os fatores que afetam as diversas dimensões da percepção para, então, construir políticas públicas consistentes que estimulem um engajamento social efetivo na construção de uma sociedade mais justa e sustentável, com ciência, tecnologia e inovação.

Notas

1 CNPq/Gallup, *O que o brasileiro pensa da ciência e da tecnologia?*, Rio de Janeiro, CNPq/Gallup, 1987. Disponível em: <https://www.cgee.org.br/documents/10195/734063/Percepcao-questionario-1987.pdf>. Acesso em: 16 set. 2020.
2 Ver: Marcus Gilmer, "YouTube's Top Related Videos Have a Climate Change Denial Problem", em *Mashable*, 17 jan. 2020. Disponível em: <https://mashable.com/article/youtube-climate-change-denial-videos-study/>. Acesso em: 16 set. 2020; Gregory Robinson, "Most YouTube Climate Change Videos 'Oppose the Consensus View'", em *The Guardian*, 25 jul. 2019. Disponível em: <https://www.theguardian.com/technology/2019/jul/25/most-youtube-climate-change-videos-oppose-the-consensus-view>. Acesso em: 16 set. 2020.

Divulgação científica de qualidade

Felizmente, no Brasil há um número crescente de pessoas que promovem divulgação científica de qualidade. Não é uma tarefa fácil, considerando que no lado do jornalismo as incessantes crises econômicas levaram a uma redução das editorias de ciência e, consequentemente, a uma falta de perspectiva de atuação por parte dos profissionais dessa importante área do jornalismo. Além disso, a volatilidade dos empregos dificulta a especialização, tão necessária em alguns campos do saber. A noção de ciência, em geral, é associada a (supostos) conteúdos árduos – às vezes, tidos como pesadelos –, como Física, Química e Biologia, dos quais a maioria dos jornalistas quer simplesmente escapar. Por outro lado, a forte expansão de novas mídias e redes sociais incentivou muitos jovens talentos de formações diversas a dedicarem sua carreira à área de divulgação. Infelizmente, a maioria dos currículos de graduação sequer conta com disciplinas voltadas à comunicação pública da ciência.

A ciência, como um todo, permeia a nossa vida. Ela está presente no nosso próprio corpo, no cotidiano, nas artes, na política, no esporte, na saúde. Muitas vezes, é polêmica ou está relacionada a temas polêmicos. Ou seja, a ciência está aqui; e os bons profissionais de comunicação precisam saber lidar não somente com ela, mas também com os seus interlocutores, os cientistas. Aliás, é interessante notar também que, cada vez mais, cientistas estão se dando conta de que precisam comunicar melhor as suas pesquisas, que são financiadas, em última instância, pela sociedade e para a própria sociedade.

Apesar das incertezas do mercado editorial, hoje o mundo conta com as mais variadas mídias, que permitem suprir a falta de cobertura nas mídias tradicionais. Redes sociais, blogs, podcasts, vídeos, entre outros, são canais que ganham mais e mais espaço a cada dia. Fora isso, ainda estamos aprendendo como o público reage e como devemos lidar com ele, de maneira efetiva.

Para isso, é necessário usar, no jornalismo científico e na divulgação, o rigor científico que se pretende transmitir. Qual é a percepção do público-alvo sobre um determinado modo de abordar algum tópico? Como são usadas as imagens em reportagens de saúde? Existe algum viés sobre determinado assunto? Como estimular uma prática fundamental para a saúde? Como funciona o fenômeno das *fake news*? Essas perguntas são alguns exemplos de questionamentos acerca da prática de comunicar ciência. A única maneira de responder a elas é realizando um estudo sistemático, planejado, controlado, que permita identificar tendências, possibilite verificar hipóteses e provoque discussões.

A pesquisa em divulgação científica tem sido, cada vez mais, uma prática estabelecida em alguns centros de excelência no Brasil, geralmente associados com o ensino em nível de graduação e pós-graduação. Divulgar essa prática também é uma tarefa necessária, pois é assim que a ciência se constitui, revelando métodos, hipóteses, resultados e conclusões, para gerar mais discussões, mais pesquisas e, com isso, mais profissionais capacitados para exercer uma divulgação séria, comprometida e atuante. Ainda é necessário avançar bastante no Brasil para estimular uma divulgação científica de qualidade. Disciplinas de divulgação de ciências deveriam estar disponíveis para os estudantes de graduação, de qualquer área do conhecimento. As agências de fomento deveriam estimular a existência de um plano de comunicação planejado antes de aprovar um financiamento à pesquisa. Deveria haver mais recursos para estudos na área de divulgação e percepção pública da ciência.

Afinal de contas, o que interessa é engajar o público para o debate, é fazer com que a ciência seja discutida e comentada. E que isso gere mais discussão, mais dúvidas, mais participação da sociedade nos debates fundamentais para o nosso futuro.

Aptidão
tecnológica

A pandemia do novo coronavírus provocou uma imensa reviravolta em nossas vidas, em todos os sentidos. Um setor fundamental que se viu obrigado a mudar rapidamente foi a educação, pois escolas e universidades tiveram que se adaptar depressa ao ensino mediado por tecnologias, ou, como gosto de chamar, "ensino remoto emergencial". Durante essa rápida transição, inúmeros problemas foram encontrados: cobertura e velocidade de internet insuficientes, equipamentos antigos e, principalmente, uma enorme desigualdade social, que se amplifica na imensa brecha digital que permeia a sociedade. Nesse contexto, notamos igualmente que muitos professores também tinham pouco ou nenhum acesso às novas tecnologias, em outras palavras, não tinham "aptidão tecnológica". A chamada aptidão tecnológica inclui não apenas a habilidade de usar equipamentos e sistemas com conteúdo tecnológico, mas também um entendimento mais profundo dos riscos e benefícios de seu uso, além de uma compreensão razoável dos processos que levaram ao desenvolvimento desses produtos tecnológicos, incluindo a interconexão complexa entre engenharia, ciência, política, ética, leis, entre outros fatores.

Em geral, a maioria da população tem uma visão muito estreita da tecnologia e de seu uso no cotidiano. No entanto, a tecnologia deveria ser vista como algo além de computadores, eletrônica, máquinas, componentes e estruturas, pois inclui os processos de desenvolvimento, desenho e uso desses sistemas. Por exemplo, as escolas, muitas vezes, enfatizam o uso dos computadores e da internet com intuito de melhorar o proceso de aprendizado, em vez de ensinar os estudantes sobre a própria tecnologia. Além disso, muitas escolas acreditam que, somente por oferecer aulas com computadores, já estão facilitando o estudo sobre tecnologia, o que certamente impede o estudo de ideias mais gerais sobre ciência e tecnologia.

A aptidão tecnológica foi amplamente discutida em um estudo publicado em 2002 sobre questões relacionadas a ela e provocou intensos debates nos Estados Unidos (EUA), na área educacional e científica. Intitulado *Technically Speaking: Why all Americans Need to Know more about Technology*[1] (Falando tecnicamente: por que todos os americanos precisam saber mais sobre tecnologia, em tradução literal), o estudo foi elaborado pelo Comitê sobre Aptidão Tecnológica, composto de um grupo de especialistas dos setores científicos, corporativos e acadêmicos dos EUA. Esse comitê foi formado pela Academia Nacional de Engenharia americana e pelo Centro de Educação do Conselho Nacional de Pesquisa americano. O documento analisa a visão da aptidão tecnológica nos EUA e recomenda uma intensa campanha educacional em escolas, museus e centros de tecnologia, e também voltada para os políticos locais, entre outros.

O estudo afirma que todos os educadores deveriam estar mais bem preparados para ensinar sobre tecnologia, fugindo da ideia de que é um assunto em separado. Os professores de ciência deveriam ter uma educação mais sólida em tecnologia e engenharia, e os professores da área de humanas deveriam ter plena consciência de como a tecnologia se relaciona com as suas respectivas matérias. Nesse sentido, nos EUA já existem alguns padrões a serem seguidos pelas escolas, que foram publicados pela International Technology Education Association, intitulados *Standards for Technological Literacy: Content for the Study of Technology*[2] (Padrões para a aptidão tecnológica: conteúdo para o estudo da tecnologia, em tradução literal). É interessante, nesse aspecto, ilustrar a deficiência no ensino da aptidão tecnológica em um grupo no qual, aparentemente, o tema não necessitaria ser tratado, como na área de computação.

A tecnologia é um importante agente de mudanças econômicas e sociais, e é fundamental ter um mínimo de conhecimento para poder tomar decisões de maneira autônoma e consciente. Essas decisões podem variar desde a escolha de um eletrodoméstico para nossa casa até questões éticas sobre biotecnologia, bioengenharia e clonagem. É impossível tomar uma decisão consciente se não se tem um mínimo de entendimento sobre a ciência e a tecnologia, como elas funcionam e como podem afetar as nossas vidas.

É necessário iniciar o debate por aqui para tentar encontrar alternativas locais para essa inclusão tecnológica em escolas, universidades, órgãos públicos e formadores de opinião. Afinal, a aptidão tecnológica hoje em dia também é fundamental para o crescimento e a sustentação de uma sociedade democrática estável e autônoma.

Notas

[1] Mais informações disponíveis em: <www.nae.edu/techlit>. Acesso em: 20 jun. 2020.
[2] Mais informações disponíveis em: <http://www.iteawww.org/TAA/STLstds.htm>. Acesso em: 10 jun. 2020.

Realidade concentrada

A divulgação científica tem, em centros e museus de ciências, uma alternativa rica em possibilidades, que pode utilizar diversas linguagens, narrativas e plataformas para propor novas abordagens aos temas de ciência e tecnologia para um público diversificado. O espaço museológico proporciona experiências com imenso potencial para criar impacto emocional efetivo nos visitantes, que pode estimular a curiosidade e o interesse pela ciência, tecnologia e pelos métodos científicos. Mais do que educar, no sentido formal da palavra, os museus de ciências contemporâneos buscam causar admiração, também possibilitar vivências e promover a associação de ideias e conhecimentos. O grande divulgador científico, Jorge Wagensberg, afirmava que os museus e centros de ciência eram uma porção de "realidade concentrada", feitos para estimular o pensamento e a criatividade. Seguindo o pensamento de Francis Bacon citado na Introdução, Bruno Bettelheim escreveu:

> A curiosidade não é a fonte da busca do aprendizado e do saber; de fato, demasiada curiosidade é facilmente satisfeita. É o assombro, creio, que impele a pessoa a penetrar cada vez mais fundo nos mistérios do mundo e apreciar realmente as realizações do homem.[1]

Há diversos estudos que mostram com clareza a contribuição dos museus interativos de ciência na sociedade. Esses locais oferecem um ambiente social único e diversificado que estimula o aprendizado, tanto no âmbito escolar quanto no ambiente familiar. Pesquisas têm mostrado que estudantes que participam de programas interativos apresentam melhorias significativas na criatividade, na percepção, no desenvolvimento lógico, nas habilidades de comunicação, na motivação e em atitudes positivas com relação à ciência e à tecnologia.

Entretanto, no Brasil, a última pesquisa de percepção pública sobre ciência e tecnologia, realizada em 2019 pelo Centro de Gestão e Estudos Estratégicos e pelo Ministério da Ciência, Tecnologia e Inovações, revelou que apenas 6,3% dos entrevistados haviam visitado pelo menos um museu de ciências e tecnologia ao longo do ano anterior. De fato, temos em nosso país estruturas muito frágeis de apoio a espaços de difusão científico-culturais (museus e centros de C&T, museus de arte, bibliotecas, jardins botânicos, zoológicos e parques ambientais). Esse cenário desolador é semelhante nas mais diversas instituições nacionais de importância fundamental para a cultura de um país, que busca, a duras penas, consolidar a sua memória e ter uma população que possa pensar criticamente sobre as decisões que afetam não só esta, mas também as futuras gerações.

Como desenvolver, e posteriormente sustentar, os museus de ciências? Vale a pena aprofundar em alguns exemplos internacionais. Nos Estados Unidos, por exemplo, esse é um setor que movimenta bilhões de dólares anuais, fundamental para o desenvolvimento cultural e científico nacional. Nesse país, mais de 60% da população adulta visita um museu de ciências pelo menos uma vez ao ano. Esses espaços recebem também a visita de um público escolar de aproximadamente 40 milhões de crianças e adolescentes por ano. A maior parte dos museus de ciências funciona com ingressos espontâneos do público, e não depende tanto de visitas escolares. Assim, poucos também são os museus que recebem auxílio dos governos municipais ou estaduais. A maioria desses espaços não recebe, de fato, nenhum tipo de suporte governamental. Quase todos os museus dependem de projetos submetidos à National Science Foundation (NSF) – entre 10% a 20% do orçamento – e, essencialmente, de ingressos do público e de vendas em suas lojas e seus restaurantes. A fonte fundamental de recursos desses espaços provém da filantropia, uma área extremamente desenvolvida nos Estados Unidos.

As doações por pessoas físicas e/ou jurídicas, entretanto, destinam-se geralmente à ampliação dos prédios ou a novas construções. Isso tem gerado uma situação sem limites, pois as ampliações implicam custos mais elevados para a manutenção e para infraestrutura dos museus, que somente aumentam. Desse modo, vários museus têm crescido e alguns deles alcançam orçamento de mais de 35 milhões de dólares anuais. Para sustentar tais orçamentos, os museus têm de atrair mais e mais público, vivendo, naturalmente, uma situação de tensão constante, à procura de exposições *blockbusters* e de formas alternativas de conseguir mais recursos. Assim, tornam-se excessivamente comerciais e acabam divergindo de sua missão original: divulgar a ciência com qualidade, realizar pesquisas na área de comunicação pública da ciência, além de inovar nas práticas e nos programas de educação de ciências.

Não é possível saber até que ponto essa situação irá se sustentar, mas a sensação é de que a maioria dos museus e centros de ciências, mesmo em um país desenvolvido como os Estados Unidos, está em um equilíbrio instável. Como esses espaços viriam a sobreviver em um cenário de recessão financeira como a que foi provocada pela pandemia? Quais estratégias devem ser pensadas para que eles se mantenham ativos e consigam sobreviver em situações de crise? É necessário que haja mudanças tanto na gestão quanto nas propostas curatoriais?

Outro exemplo interessante vem da Espanha, em Valência, onde no início do século XXI foi construído o complexo Cidade das Artes e das Ciências.[2] Valência era uma cidade de porte médio, sem grandes atrativos turísticos. A partir de uma iniciativa do governo, foi iniciado um projeto para recuperar uma área desvalorizada da cidade, incluindo a idealização e a construção da Cidade das Artes e das Ciências, que reúne um museu interativo de ciências, um cinema e um planetário com projeções em três dimensões, um aquário e uma ópera. Esse megacomplexo foi projetado pelo famoso arquiteto Santiago Calatrava, que criou prédios com formas espetaculares, que por si sós já valem a visita.

Tudo isso custa muito dinheiro, e de fato foram investidos em torno de 1,1 bilhão de euros. Todo esse investimento, porém, teve um retorno garantido. Nos primeiros quatro anos de funcionamento, só o museu de ciências recebeu 7 milhões de visitantes; o complexo todo recebeu até então mais de 50 milhões de visitantes! Além disso, a cidade nesse período recebeu diversos investimentos desde que o centro foi projetado. Foram construídos 36 hotéis, 5 mil apartamentos e um shopping center. Com isso, foram gerados em torno de 40 mil empregos diretos, além dos benefícios indiretos.

Fora toda a questão econômica, é importante destacar a enorme importância de um polo cultural e de divulgação científica. O aprendizado proveniente do conteúdo das exposições, da programação artística e dos museus não é tão facilmente mensurável (em números) quanto o retorno econômico, mas certamente traz diversos benefícios para a população que visita o centro científico-cultural.

É claro que há o lado da diversão, o aspecto lúdico necessário para "atrair" o visitante. Só que, mesmo assim, cada exposição é planejada cuidadosamente para abordar diversos conteúdos de ciência e tecnologia, de modo interativo. Certamente, os visitantes, sobretudo crianças e adolescentes, saem do museu com algum conhecimento adquirido e voltam para casa com a curiosidade aguçada e com os sentidos mais permeáveis para apreciar e descobrir o universo em que vivemos, seja do ponto de vista científico, seja do ponto de vista artístico.

No Brasil, o último guia de centros e museus de ciências, lançado pela Associação Brasileira de Centros e Museus de Ciências em 2015, trouxe informações sobre 268 espaços científico-culturais espalhados pelo país. O guia contém informações sobre museus, planetários, jardins botânicos, zoológicos, aquários, unidades de ciência móvel e associações que atuam na popularização da ciência e tecnologia no país. Do total de espaços catalogados, 155 estão no Sudeste; 44, no Sul; 43 no Nordeste; 15, no Centro-Oeste; e 11 no Norte. A grande maioria dos espaços é de pequeno porte, e funciona com apoio de universidades e voluntários. Há poucos museus de ciências que podem ser considerados de porte médio ou grande, por exemplo, o histórico Museu Paraense Emílio Goeldi, o Espaço Ciência de Pernambuco, o Museu de Ciências e Tecnologia da PUCRS, o Museu Catavento e o Museu do Amanhã (que não constava ainda no guia de 2015). Estes dois últimos são exemplos interessantes de que é possível realizar projetos ousados de divulgação da ciência no Brasil.

Há alguns anos o Catavento é o museu mais visitado em todo o estado de São Paulo, tendo recebido mais de 6 milhões de pessoas desde sua inauguração, em 2009. Instalado no Palácio das Indústrias na região central da cidade de São Paulo, é gerido pela Organização Social de Cultura "Catavento Cultural e Educacional", vinculada à Secretaria de Cultura do Estado de São Paulo, por meio de um contrato de gestão com a Unidade de Preservação do Patrimônio Museológico.

Já o Museu do Amanhã foi inaugurado em dezembro de 2015 pela prefeitura do Rio de Janeiro, sobre o píer Mauá, no projeto de revitalização da zona portuária central da cidade

(Porto Maravilha). O Museu do Amanhã pretende abordar questões de alta complexidade, como aquecimento global, ou questões sociais, de maneira interdisciplinar. Desde sua inauguração até março de 2020, quando fechou pela pandemia, o museu havia recebido mais de 4 milhões de visitantes. Além de ter se tornado uma das principais atrações turísticas do Rio de Janeiro, esteve entre os 10 museus mais visitados do país desde sua inauguração.

A gestão do Museu do Amanhã é atualmente feita por meio de um contrato de gestão estabelecido entre a prefeitura do Rio de Janeiro e o Instituto de Desenvolvimento e Gestão (IDG), organização social de cultura sem fins lucrativos. Ele tem 15 mil metros quadrados de área construída e projeto arquitetônico assinado pelo espanhol Santiago Calatrava (como no caso de Valência), e teve um custo de construção de aproximadamente R$ 230 milhões.

Considerando a nossa realidade educacional, é fundamental que a educação em ciências, tecnologias, engenharias, artes e matemáticas (conhecida como educação Steam) seja estimulada e apoiada de maneira mais contundente. Para isso, precisamos de mais espaços de educação não formal, que não só estimulam o gosto pelo conhecimento, mas também podem dar apoio a atividades de experimentação para as nossas escolas, que são tão carentes em laboratórios de ensino. Contamos com uma vasta biodiversidade, um amplo espectro de climas, regiões e costumes, uma comunidade científica estabelecida e uma cultura popular rica, o que poderia resultar em experiências inéditas no mundo. Basta querer para acontecer.

Notas

[1] B. Bettelheim, "As crianças e os museus", em *A Viena de Freud e outros ensaios*, trad. de L. Wyler, Rio de Janeiro, Campos, 1991, pp. 137-44.

[2] Mais informações disponíveis em: <https://www.cac.es/es/home.html>. Acesso em: 30 jun. 2020.

PARTE III

Pseudociência, negacionismo e suas consequências

A anticiência, o negacionismo e as pseudociências se tornaram uma praga, com sérias consequências para a sociedade e o meio ambiente. Como podemos identificá-las e combatê-las? Alguns exemplos ilustram situações recentes que envolvem lendas urbanas, falta de evidências científicas e o papel das redes sociais.

Dá para escapar da pseudociência?

Qual o problema de usar homeopatia contra o resfriado comum? Parece inofensivo. Consultar o horóscopo antes de sair de casa também. A situação fica um pouco mais nebulosa, contudo, quando se tenta tratar uma doença grave à base de preparados homeopáticos ou quando um trabalhador perde o emprego porque seu mapa astral é "incompatível" com o do chefe.

Há tempos somos diariamente inundados por inúmeras promessas de curas milagrosas, métodos de leitura ultrarrápidos, dietas infalíveis, riqueza sem esforço. Basta entrar na internet ou ligar a televisão e o rádio. A grande maioria desses milagres cotidianos está vestida com alguma roupagem científica: linguagem um pouco mais rebuscada, aparente comprovação experimental, depoimentos de "renomados" pesquisadores, utilização em grandes universidades. Todos casos típicos do que se costuma definir como "pseudociência" – crenças que reivindicam, de modo ilegítimo, o mesmo grau de confiabilidade das ciências. Essa definição de pseudociência é muito genérica e pode incluir, além dos poucos exemplos citados, uma grande quantidade de fenômenos paranormais, sobrenaturais, extrassensoriais e qualquer conjunto de procedimentos e "teorias" que tentem se disfarçar como ciência sem realmente sê-la. Muitas vezes envoltas em uma aura afável de curiosidade inócua, pseudociências podem prejudicar, de modo perverso, a vida de todos e também o planeta.

O perigo se revela, por exemplo, quando indústrias ou setores específicos da sociedade – por motivos religiosos, políticos ou econômicos – articulam-se para tirar proveito tanto de informações equivocadas que parte da população tem acerca de como a ciência é feita quanto do grande nível de desinformação presente no meio virtual. Além disso, nos últimos anos, as redes sociais e os aplicativos de mensagens como o WhatsApp potencializaram os males da pseudociência em dimensões assustadoras. No embalo das *fake news*, os embustes ganharam força na voz de influenciadores de toda a sorte, de ocupantes de altos cargos públicos a cidadãos com milhões de seguidores e zero lastro técnico, educacional ou algo que o valha. O movimento antivacina, que se utilizava da pseudociência mais baixa, foi um prenúncio do que viria depois com a pandemia da covid-19, com a ode à cloroquina, o uso em massa de vermífugo como uma mentirosa profilaxia e a negação da importância do confinamento. Os efeitos devastadores são conhecidos. A questão é como chegamos até aqui.

Com a crescente polarização social, há cada vez mais políticos e influenciadores que propagam ideias pseudocientíficas ou até anticientíficas. Eles se utilizam de estratégias conhecidas que vêm sendo aprimoradas ao longo dos séculos, mas que agora ganham eficácia extra graças à internet e às novas formas de interação social. A discussão dos limites entre ciência e pseudociência certamente inclui questões mais profundas. O que é ciência? Como defini-la? O assunto é complexo e preocupante. Durante algum tempo, parecia que as pseudociências não poderiam causar mais impacto do que simples arranhões na já aparentemente consolidada imagem da ciência, vista como um pilar firme em que a sociedade se apoia. Essa ideia mudou de tempos para cá. Não é de hoje, porém, que a pseudociência é utilizada com má-fé, destinada a usurpar o dinheiro da população em geral, que ingenuamente acredita em evidências casuais, rumores e anedotas. Esse fato torna-se ainda mais drástico quando essas crenças atingem a área de saúde, e quando o prejuízo financeiro pode vir acompanhado de um irreparável dano físico ou mental.

A própria definição de pseudociência também é uma questão complexa e delicada. Há muitas características comuns que podem ser utilizadas para tentar esboçar uma demarcação. Como já dito, as pseudociências têm esse nome porque tentam mimetizar uma aparência de ciência, incluindo uma linguagem mais complexa, com afirmações veementes de que os resultados são "comprovados cientificamente" ou abalizados por "estudos aprofundados". Além disso, as pseudociências normalmente se baseiam em anedotas e rumores para "confirmar" os fatos. Um exemplo comum é ouvirmos (ou recebermos no celular) alguma história mirabolante sobre doenças provocadas por latinhas sujas ou roubo de órgãos para contrabando. Ou, então, narrativas que incluem personagens recentes que se intitulam como os não compreendidos e hostilizados pela sociedade, tal como foram Galileu e Copérnico em suas épocas.

Esses rumores, que se espalham com uma facilidade impressionante, são releituras das "lendas urbanas" e também podem ser considerados um subgrupo das pseudociências. O preocupante é quando essa postura, esse posicionamento pseudocientífico – por assim dizer –, parte de tomadores de decisão, como políticos e ministros.

Podemos citar a fala do aposentado ministro do Supremo Tribunal Federal, Carlos Ayres Britto, em uma entrevista à *Folha de S.Paulo*,[1] na qual afirmou ter uma visão espiritualista de mundo confirmada pela Física Quântica. Como justificativa, o ministro cita diversos autores, entre os quais Einstein:

[...] Depois, de uns 12 anos para cá, comecei a me interessar por física quântica, e ela me pareceu uma confirmação de tudo o que os espiritualistas afirmam. A física quântica, sobretudo os escritos de Danah Zohar [especializada em aconselhamento espiritual e profissional] [...] Einstein, físico quântico que era, cunhou uma expressão célebre: "efeito do observador". Ele percebeu que o observador desencadeava reações no objeto observado. [...] Claro que quando você joga teoria quântica para a teoria jurídica, se expõe a uma crítica mordaz. O sujeito diz: "Mas isso não é ciência jurídica".

Em dezembro de 2012, publiquei um artigo no jornal *Folha de S.Paulo* que comentava a declaração. Indo de encontro à fala do ministro, a fascinante Física Quântica, na realidade, aplica-se somente a sistemas físicos na escala atômica, jamais a questões profissionais ou jurídicas. As analogias podem ser exercícios criativos ou poéticos até interessantes, mas não passam disso.

Ao buscar a palavra *quantum* em qualquer livraria virtual, por exemplo, é assombroso notar que a maioria das obras listadas se refere a supostas explicações quânticas dos mais diversos aspectos da vida, da memória à cura de enfermidades, passando pelo sucesso no amor e na carreira.

No clássico livro *O mundo assombrado pelos demônios: a ciência vista como uma vela no escuro*, o físico Carl Sagan descreveu, de modo brilhante, um kit de detecção de mentiras ou bobagens (*baloney detection kit*) que funciona para identificar, principalmente, afirmações "ditas" científicas. O físico enfatiza o uso do pensamento crítico para reconhecer argumentos falhos ou fraudulentos. Além do raciocínio lógico e do reconhecimento de alguns elementos característicos das pseudociências, é particularmente importante conhecer – mesmo que superficialmente – como a ciência funciona. Sagan e outros autores sugerem que há elementos comuns que aparecem no discurso e na postura dos propagadores de pseudociências. Aqui, cito algumas dicas que podem ser utilizadas para analisar argumentos e afirmações que se dizem embasados em experimentos científicos:

- Evidência negativa: quando os argumentos a favor de uma ideia se resumem, exclusivamente, a alegações sobre erros, reais ou imaginários, que existiriam nas ideias dos outros. Ainda que todos os outros estejam mesmo errados, isso não significa que a opção oferecida é correta. Ela pode até estar mais errada que as demais.
- Correlação e causa: apontar que, porque uma coisa varia de modo semelhante a outra, é por ela causada. Isso nem sempre é verdade. Há inúmeros exemplos de fenômenos desconexos que variam de modo similar durante algum tempo – por exemplo, de 1999 a 2009, o número de mortes por afogamento em piscinas, nos Estados Unidos, seguiu a mesma tendência que o número de filmes estrelados por Nicolas Cage.
- Exemplos escolhidos a dedo: apresentar apenas casos que parecem confirmar as ideias pretendidas. Nenhum procedimento, estratégia ou tratamento funciona 100% das vezes. Quando o assunto é ciência, quem não leva as falhas em consideração – ou as esconde na hora de apresentar resultados – é incompetente ou desonesto.
- Apelo à antiguidade: alegar que uma ideia ou um procedimento é adequado porque é usado há séculos. A história está repleta de bobagens que sobreviveram ao teste das gerações, da teoria de que a Terra fica no centro do universo ao uso de sangrias para combater doenças infecciosas.
- Viés implícito: sempre que possível deve haver uma confirmação independente dos "fatos". Deve-se estimular um debate substantivo sobre as evidências, do

qual participarão notórios partidários de todos os pontos de vista.

- Argumento de autoridade: os argumentos de autoridade têm pouca importância. As "autoridades" cometeram erros no passado e voltarão a cometê-los no futuro. Não importa se quem faz alguma afirmação seja professor de uma universidade famosa ou um médico renomado. Uma forma de expressar essa ideia é afirmar que, na ciência, não existem autoridades; quando muito, há especialistas.

- Hipóteses limitadas e falseáveis: sempre se deve considerar mais de uma hipótese. Se alguma coisa deve ser explicada, é preciso pensar em todas as maneiras diferentes pelas quais poderia ser elucidada. Então, deve-se pensar em formas de derrubar sistematicamente cada uma das alternativas. A hipótese que sobreviver a essa "seleção natural" tem maiores chances de ser a correta. Além disso, não se apegar demais a uma única hipótese. Devem-se buscar razões para rejeitá-la. Se você não fizer isso, outros o farão. Finalmente, deve-se sempre questionar se a hipótese pode ser, pelo menos em princípio, falseada. As proposições que não podem ser testadas ou falseadas não valem grande coisa. Devemos poder verificar as afirmativas propostas.

- Ideias vagas e indefinidas: quantificar sempre que possível. Aquilo que é vago e apenas qualitativo é suscetível a muitas explicações.

- Validade de argumentos: se há uma cadeia de argumentos, todos os elos da cadeia devem ser válidos (inclusive a premissa) – não apenas a maioria deles.

Há muitas outras características comuns que podem ser utilizadas para tentar esboçar uma demarcação das pseudociências – o que nem sempre é trivial. Essas táticas geralmente vêm acompanhadas de uma linguagem rebuscada, frases de efeito e uma retórica que, direta ou indiretamente, acusa os críticos de serem parte de alguma grande conspiração. Hoje, não é difícil identificar quem usa, de modo sistemático, ferramentas assim.

Mas por que devemos nos preocupar com as pseudociências? Retornemos a esse assunto, proposto no início deste texto.

Para os cientistas, a resposta mais simplista poderia indicar uma tentativa de evitar "manchar" a imagem da ciência, que tem tido a reputação consolidada em anos e anos de hipóteses, teorias e experimentos bem-sucedidos e capazes de explicar muitos aspectos do universo em que vivemos.

Só que talvez não seja essa a discussão que precise ser levantada. É fato que a maioria das pessoas vive perfeitamente bem sem saber diferenciar ciência de pseudociência. Entretanto, mais cedo ou mais tarde, em alguns momentos da vida, certo conhecimento científico – mesmo que mínimo – pode ser útil: seja para decidir um tratamento médico, seja para analisar criticamente algum boato; ou então para se posicionar frente a alguma decisão importante que certamente influenciará a vida de filhos e netos.

Para isso, é fundamental que a sociedade, como um todo, assimile uma "cultura científica", com a participação de instituições, grupos de interesse e processos coletivos estruturados em torno de sistemas de comunicação e difusão social da ciência, além da participação dos cidadãos e da implementação de mecanismos de avaliação social da ciência. Mas, ao falar em cultura científica, é válido ressaltar que não estamos nos referindo, necessariamente, à "ciência ortodoxa", entendida como acúmulo de conhecimentos coerentes, fixos e certos, construídos sob a atenta vigilância de uma metodologia confiável sobre uma realidade natural subjacente (legado da tradição positivista que apela à objetividade da ciência e a seu "espírito" altruísta). A cultura científica é entendida em sentido mais amplo, como forma de instrução, de acumulação do saber, seja este socialmente válido ou não.

A necessidade de uma cultura científica aparece claramente na distinção entre ciências e pseudociências. Há muitos exemplos de situações em que somos compelidos a aceitar algo sem qualquer fundamento científico, mesmo sem acreditarmos naquilo. Para ilustrar esse fato, basta lembrar que hoje o nosso Sistema Único de Saúde (SUS) permite, e financia, 29 tipos de procedimentos de "práticas integrativas", que não têm nenhuma comprovação científica. Ou seja, mesmo que você confie apenas na ciência, é obrigado a pagar (com os seus impostos) por esses tratamentos. Infelizmente, vemos isso acontecer com mais frequência do que gostaríamos.

Como físico, considero verdadeiras algumas coisas incríveis, como entes que são ondas e partículas simultaneamente; universos multidimensionais; tempos e comprimentos que dependem da velocidade do objeto; estruturas nanoscópicas que podem atravessar verdadeiras paredes e muitos outros fenômenos. Certamente, essas coisas não são nada intuitivas e continuam sendo impressionantes, mesmo após anos e anos de estudo. Mas elas têm lastro em teorias e experimentos científicos.

Em ciência, porém, o importante é que as teorias sejam comprovadas seguindo critérios rígidos, metodologias adequadas e publicadas em periódicos de circulação internacional, para que outros pesquisadores possam tentar repetir os experimentos e modelos, verificando possíveis falhas e buscando explicações alternativas, com certo ceticismo.

Ao contrário da ciência, as pseudociências não têm compromisso com a realidade, elas se moldam com facilidade às preferências do público e ao espírito dos tempos. Isso as torna atraentes. Escapar dessa atração pode não ser fácil, mas é cada vez mais necessário.

Em uma sociedade em que a ciência e a tecnologia assumem cada vez mais um protagonismo maior, a cultura científica é um fator crucial para a tomada de decisões que certamente afetarão nosso bem-estar social, como indivíduos e como sociedade. Para tomar decisões conscientes e independentes é fundamental conhecer um pouco sobre ciência e seu funcionamento, e como essas decisões podem afetar nossas vidas e a das futuras gerações.

Nota

[1] Valdo Cruz Felipe Seligman, "A vida começa aos 70. Entrevistado: Carlos Ayres Britto", em *Folha de S.Paulo*, São Paulo, 18 nov. 2012. Disponível em: <https://www1.folha.uol.com.br./fsp/ilustrissima/78558-a-vida-comeca-aos-70.shtml>. Acesso em: 3 jul. 2020.

Ameaça
silenciosa

E m fevereiro de 2019, os sociólogos alemães Michael Schetsche e Andreas Anton publicaram o livro *A socie-dade alienígena: introdução à Exosociologia*, no qual listam cinco cenários que poderiam colocar em risco a humanidade. A lista é encabeçada pela criação de uma inteligência artificial tão poderosa que seria capaz de se voltar contra os seus criadores. Depois, é citado o possível encontro da humanidade com uma civilização extraterrestre hostil. Os próximos lugares da lista são ocupados por guerras nucleares, mudanças climáticas e pandemias, respectivamente (vale destacar que o texto em questão é anterior ao fatídico 2020).

Esses últimos cenários são, na realidade, preocupantes. Somente no primeiro trimestre de 2019, nas Filipinas, foram reportadas 260 mortes por sarampo e mais de 16 mil casos dessa doença. A questão é que o país tem observado um notável decréscimo nas taxas de imunização. O mais incrível é o fato de o sarampo ser totalmente passível de prevenção por meio de vacinas. Isso tem ocorrido no mundo todo, mas, nas Filipinas, o problema se agravou por causa do escândalo da Dengvaxia, uma vacina contra a dengue, massivamente aplicada nas escolas do país em 2016 e 2017. Essa vacina foi aparentemente relacionada à morte de diversas crianças e adolescentes, e finalmente foi proibida no país, gerando assim uma desconfiança generalizada contra todo tipo de vacinação. Como consequência, mais de 2,5 milhões de crianças filipinas menores de 5 anos não receberam as doses das vacinas que deveriam ter tomado.

Como já dito, infelizmente esse fenômeno vem crescendo em todo o mundo. Nos Estados Unidos, por exemplo, o sarampo havia sido erradicado há 19 anos; mas o crescente número de crianças não vacinadas tem produzido novos focos da doença, que podem levar o país a registrar o maior número de casos em três décadas. Esse decréscimo na taxa de vacinação mundial tem origem em um movimento pseudocientífico de antivacinação, originado de um artigo publicado pelo britânico Andrew Wakefield em 1998.[1] Nesse texto, ele sugere um aparente vínculo entre a vacina tríplice viral (contra sarampo, rubéola e caxumba) e o autismo. O artigo já foi comprovadamente desqualificado pela comunidade científica, responsável por demonstrar que os resultados de Wakefield não se sustentavam. O último trabalho nesse sentido foi elaborado durante uma década, estudando um total de 650 mil crianças, que demonstrou mais uma vez que as vacinas não causam autismo.[2] Só que o dano já havia sido feito.

A Organização Mundial da Saúde declarou que o movimento antivacina é uma das dez principais ameaças à saúde mundial. Parece incrível que um artigo fraudulento, publicado no século passado, tenha conseguido reverter o progresso realizado durante quase duzentos anos na luta contra doenças que afligem a humanidade. A avalanche de desinformação continua se propagando por meio de redes sociais e, somente agora, já em plena emergência sanitária, cúmplices "involuntários", como Facebook, Google e Amazon, anunciaram que tomarão medidas para evitar a proliferação de *fake news* sobre o tema.

As consequências da antivacinação já constam na agenda pública e cabe a todos mostrar que a vacinação é fundamental para que as futuras gerações possam usufruir de uma saúde melhor. Agora, com a emergência da covid-19, esse assunto é mais importante do que nunca. Apesar de grande parte da humanidade ter clareza sobre a importância das vacinas em virtude dos danos trazidos pela pandemia – e as dificuldades em desenvolver tais vacinas –, já há indícios de movimentos antivacina, originados de agendas diferentes, mas que podem causar estragos significativos ao combate a uma pandemia que já causou tantas mortes e problemas no mundo.

Notas

[1] Ver: Andrew Wakefield et al. [Retracted], "Ileal-lymphoid-nodular Hyperplasia, non-specific Colitis, and Pervasive Developmental Disorder in Children", em *The Lancet*, v. 352, n. 9.103, 1998. Disponível em: <https://www.thelancet.com/journals/lancet/article/PIIS01406736971109960/fulltext>. Acesso em: 30 jun. 2020.

[2] Um artigo publicado na revista médica *Annals of Internal Medicine*, em 2019, aborda esta temática. Ver: Anders Hviid et al., "Measles, Mumps, Rubella Vaccination and Autism", em *Annals of Internal Medicine*, v. 70, n. 8, 2019. Disponível em: <https://www.acpjournals.org/doi/10.7326/M18-2101>. Acesso em: 30 jun. 2020.

Faíscas
da lei

Em 2002, a então prefeita de São Paulo, Marta Suplicy, foi responsável por regulamentar a Lei n. 13.440, que proíbe o uso de telefones celulares em postos de combustíveis na cidade de São Paulo (SP). O Projeto de Lei (138/01), de autoria do vereador Wadih Mutran (PPB), fixava multa de R$ 400,00 (o que, em valores corrigidos pelo IGP-M, correspondeu a quase R$ 2.000 no início de 2021) tanto para o proprietário do posto quanto para o dono do aparelho. Em caso de reincidência, o valor deve ser dobrado. O motivo seria evitar que ondas eletromagnéticas ou mesmo uma faísca produzida pelo aparelho venham a explodir os tanques de combustível.[1]

Quinze anos depois, em 2017, o então prefeito da cidade, João Dória, sancionou um substitutivo para a lei. A proibição de manusear celulares nos postos seguiria valendo, "salvo se o uso ocorrer no interior de veículos automotores, lojas de conveniência, restaurantes, áreas de troca de óleo, escritório ou em quaisquer outras áreas do posto não dedicadas à operação de abastecimento de combustíveis".

Isso mostra que, em 15 anos, telefones celulares podem ter evoluído bastante, mas a valorização da ciência nem tanto, a ponto de uma lei absurda e sem fundamento técnico ou científico não só ser implementada, mas também passar por uma revisão atenuante sem ser totalmente extinta, mesmo não fazendo qualquer sentido.

A história que serviu como base para a tal lei aparentemente teve início em 1999, quando circulou pela internet uma série de mensagens que alertavam para o perigo iminente de usar celulares em postos de combustíveis, relatando o caso de algumas supostas explosões, posteriormente desmentidas pelas empresas citadas. A mensagem inclusive pedia para que o leitor lesse o manual do aparelho celular, no qual, em alguns casos, estava descrita uma advertência para que se evitasse o seu uso em "atmosferas potencialmente explosivas", o que incluiria os postos de combustíveis. Ainda não existia WhatsApp, mas a bobagem correu rápido. De acordo com as companhias de celulares e empresas de petróleo, esse aviso se fez necessário apenas para precaução de responsabilidade e eventuais processos no caso de alguma fatalidade. Assim, tanto as companhias de celulares quanto os postos de gasolina optaram por desaconselhar o uso de aparelhos celulares nos postos, simplesmente baseados no conceito do "melhor prevenir que remediar".

No caso específico da Lei n. 13.440 da cidade de São Paulo, quem acreditou na lenda urbana da explosão de celulares em postos de combustíveis foram os legisladores, criando uma lei incoerente e sem nenhum suporte científico. É a lenda urbana que virou lei! Ela é relativamente inócua e até cômica, mas, para variar, quem paga a conta é a população. Além de ser potencialmente mais perigoso falar ao celular fora do posto (ou dirigindo, ou parado), a população está, em princípio, pagando fiscais para a verificação da aplicação da lei (fora o salário dos legisladores e suas equipes). Considerando as condições atuais dos postos de combustíveis e as tecnologias dos celulares, a probabilidade de haver alguma explosão causada pelo uso desse tipo de aparelho é extremamente remota.

O perigo relacionado às ondas eletromagnéticas é simplesmente inexistente. Com relação às eventuais faíscas, é válido lembrar que todos os carros possuem baterias; a possibilidade de elas soltarem alguma faísca e provocar algum dano certamente é muito maior do que a probabilidade de as faíscas serem provenientes do celular. Isso poderia ocorrer, por exemplo, se o aparelho caísse das mãos de uma pessoa e a bateria soltasse, provocando uma faísca que tenha posteriormente contato com alguma poça de gasolina – quase uma cena de filme. É interessante notar que até a faísca provocada pela eletricidade estática quando a pessoa desce de um carro (principalmente quando usa roupa de lã em dias secos) pode ser mais perigosa do que o uso do celular. De todas as maneiras, estudos indicam que a soma dos riscos de faíscas dos veículos é ainda extremamente baixa. De fato, não há nenhum relato até hoje de explosões em postos de combustíveis provocadas por uso de telefone celular nem no Brasil, nem em outro lugar do mundo. Vale ainda lembrar que hoje em dia todas as maquininhas de cobrança de cartões de crédito e de débito são, de fato, celulares que funcionam o dia inteiro sem maiores problemas nos postos. Chocante que tudo isso tenha escapado da revisão dessa lei em 2017.

Esse é apenas um dos exemplos do quanto informações inadequadas, vestidas de "ciência", podem ser impróprias para a sociedade. Estamos falando de mais um exemplo das pseudociências, assunto que deve ser amplamente discutido, principalmente nos últimos anos, por serem de alto risco para a população como um todo. Sem fundamento científico algum, baseiam-se muitas vezes em "achismos" e "opiniões" que reverberam pela sociedade, valendo-se de uma linguagem mais rebuscada para que assim tenham uma certa aura científica, como se, para ter validade, os jargões acadêmicos fossem necessários – o que traz mais estereótipo para a ciência. O preocupante é que essas pseudociências estão por todos os lugares – jornais, televisão, rádio, redes sociais, aplicativos de mensagem instantânea etc. – e se fazem muito mais presentes que a própria ciência.

Mais preocupante ainda é quando isso atinge as esferas políticas, públicas. As consequências tendem a ser muito maiores e revertê-las leva um longo tempo, um tempo que deveria ser utilizado para atender a outras demandas públicas e promover campanhas de fato essenciais para a população. Desmentir, confrontar, debater informações inverídicas são exercícios desgastantes, mas extremamente necessários no contexto pelo qual passamos.

Infelizmente, o caso dessa lei dos postos de gasolina é apenas um dos muitos nesse sentido. Ele ilustra de modo claro como as pseudociências podem levar a situações insólitas nos mais importantes setores da sociedade. Isso tem cura? Bem, a divulgação do pensamento científico, por meio da educação, da mídia, das redes sociais já é uma excelente profilaxia.

Nota

[1] Publiquei um artigo sobre este assunto assim que a lei foi promulgada. "O boato que virou lei", em *Galileu*, v. 144, 1º jul. 2003. Disponível em: <http://revistagalileu.globo.com/Galileu /0,6993,ECT560636-1726,00.html>. Acesso em: 18 set. 2020.

O caso
dos canudos
plásticos

A Câmara Municipal de São Paulo aprovou em 2019 um projeto de lei para proibir o fornecimento de canudos na capital paulista. O projeto foi sancionado pelo Executivo e está valendo desde 25 de junho de 2019. A lei restringe a utilização de canudos em hotéis, restaurantes, bares, padarias, estabelecimentos comerciais como um todo, clubes noturnos, salões de dança e em eventos musicais. No lugar dos canudos de plástico, poderão ser fornecidos "canudos em papel reciclável, material comestível ou biodegradável, embalados individualmente em envelopes hermeticamente fechados feitos do mesmo material", diz o texto. Em caso de descumprimento, as penalidades vão desde advertência e intimação até multa no valor de R$ 8 mil, com possibilidade de fechamento administrativo.

O Rio de Janeiro (RJ) foi a primeira capital a aprovar uma lei do tipo, em junho de 2018. O projeto prevê multa R$ 3 mil aos estabelecimentos que desrespeitarem a lei; o valor é dobrado em caso de reincidência. Diversas cidades já seguiram o mesmo caminho da proibição dos canudos plásticos. Todas seguem uma tendência mundial, iniciada em 2015, principalmente após a viralização de um vídeo de uma tartaruga marinha que sofria ao ter um canudinho plástico retirado da narina. Diversas entidades iniciaram campanhas para a abolição dos canudos plásticos e, desde então, muitos locais já proibiram a sua utilização.

A verdade, porém, é que toda essa campanha é desprovida de dados científicos. Ninguém sabe ao certo quanto os canudos, vilões da vez, representam em termos do lixo marítimo. Algumas estimativas indicam que é uma fração minúscula, se comparada a outros fatores. Por exemplo, a partir de amostras de lixo recolhido do mar foram feitas estimativas de que quase 50% do lixo plástico provém de redes de pesca jogadas. Para ter um impacto verdadeiramente positivo na questão ambiental, deveríamos então focar os esforços para mudar a legislação de pesca e concentrar os gastos com vigilância nessa área. Há milhares de outros produtos que não são biodegradáveis e que poluem muito mais do que canudos (só para citar alguns exemplos: fraldas descartáveis, absorventes higiênicos, embalagens diversas etc.).[1]

Evidentemente, não sou a favor de nenhum produto plástico, e acredito que este deve ser substituído com o passar dos anos por produtos biodegradáveis. Entretanto, assim como já ocorreu com o caso das sacolas plásticas, os legisladores devem procurar entender que os canudos são apenas uma minúscula fração de uma indústria muito mais complexa. Há argumentos a favor da lei, dizendo que a partir de um ato cotidiano seria possível repensar o exagero do plástico em nossas vidas e iniciar uma substituição mais ampla. Sem dúvida alguma isso é importante e necessário, mas deve ser pensado em um contexto mais amplo, com a formulação de políticas públicas condizentes, o estímulo à participação das empresas e restaurantes, e a conscientização do público de modo geral. Outros argumentos, contrários à medida, comentam que essas proibições acabarão levando ao encarecimento do produto, ou mesmo à sua extinção, impedindo que pessoas que dependem de canudos em seu dia a dia sejam muito prejudicadas.

Infelizmente, como acontece com muitas empresas zelosas de sua própria imagem, as "causas" da vez são escolhidas por boa parte do poder público a partir do que se vê pela fresta dos *trending topics* das redes sociais e não de informações sólidas que permitam abrir a janela por completo. Pensar nos próprios atos cotidianos é virtuoso, mas a boa intenção só terá efeito real se for baseada em ciência.

Nota

[1] Para aprofundar mais o assunto, ver: Alexis C. Madrigal, "Disposable America", em *The Atlantic*, 21 jul. 2018. Disponível em: <https://www.theatlantic.com/technology/archive/2018/06/disposable-america/563204/>. Acesso em: 2 jul. 2020.

Vitória apertada
da evidência

No meio de tanto ruído político, passou quase despercebida a acertada deliberação do Supremo Tribunal
Federal (STF), em 2016, derrubando a decisão da
Justiça de São Paulo que obrigava a Eletropaulo (atual Enel
Distribuição São Paulo – empresa concessionária de distribuição de energia elétrica em São Paulo) a reduzir a intensidade dos campos eletromagnéticos criados pelas linhas de
transmissão de energia de alta tensão. A ação foi iniciada pela
associação de moradores de alguns bairros paulistanos, que
alegava uma suposta relação da incidência de câncer com a
proximidade a linhas de transmissão.

O STF reconheceu, por seis votos a quatro, que estudos
científicos não provam que a exposição humana aos campos
eletromagnéticos está relacionada à maior incidência de câncer. Portanto, manteve válidos os parâmetros de 83,3 micro-
teslas, recomendados pela Organização Mundial da Saúde
(OMS), acatados pela legislação brasileira. Diminuir esses
parâmetros implicaria custos desnecessários, que certamente
levariam a um aumento inconsequente das tarifas de energia
elétrica já exorbitantes, arriscando a democratização do acesso
a esse serviço no país. Além disso, uma decisão diferente teria
levado a uma situação de medo, sem qualquer comprovação
científica, pois centenas de experimentos em diversos países

negam quaisquer evidências consistentes sobre uma relação entre campos eletromagnéticos não ionizantes e câncer.

Para entender mais a controvérsia, é importante lembrar um pouco de Física. Cargas elétricas em movimento (correntes) geram campos magnéticos. Analogamente, campos magnéticos variáveis geram correntes elétricas em condutores. Os cabos de alta tensão são rodeados por campos magnéticos e elétricos. A intensidade do campo elétrico depende da voltagem, enquanto a intensidade do campo magnético depende da corrente. Ambos os campos se atenuam fortemente com a distância.

É consenso que os campos elétricos não representam nenhum risco para a saúde, pois, ao ser uma ótima condutora de eletricidade, a própria pele age como um escudo, impedindo a penetração dos campos elétricos no corpo. Já os campos magnéticos penetram em quase todos os materiais sem impedimento. As linhas de transmissão são desenhadas para transportar energia com o mínimo de corrente elétrica possível, o que também minimiza os campos magnéticos associados.

Sempre estivemos expostos a campos magnéticos, em particular, ao campo magnético natural da própria Terra. Estima-se que o consumo de eletricidade *per capita* no mundo industrializado tenha aumentado mais de 20 vezes nos últimos 50 anos, logo, a nossa exposição a campos eletromagnéticos gerados por cabos de alta tensão, eletrodomésticos, ondas de rádio e TV e outros dispositivos (como antenas de wi-fi, celulares etc.) também tem aumentado significativamente.

Apesar disso, os campos magnéticos a que estamos submetidos diariamente são da ordem de centenas de vezes menores do que o campo magnético da Terra, com apenas uma diferença: a energia elétrica relacionada a esses campos magnéticos é fornecida na forma de corrente alternada, que inverte o sentido desses campos aproximadamente 60 vezes por segundo (60 Hz). A famosa Lei de Faraday (1831) prediz que um campo magnético alternado interage com nosso corpo de modo diferente do que o campo relativamente constante da Terra. De fato, correntes elétricas muito fracas são induzidas em nosso corpo.

A questão que surge é se essas minúsculas correntes poderiam afetar a nossa saúde por uma possível diminuição das defesas do organismo, por exemplo. Apesar de não existir nenhum mecanismo plausível para pensar que isso fosse possível, diversos estudos têm sido realizados ao longo dos anos para responder a essa e a outras questões. Em alguns experimentos com animais, ratos viveram saudáveis por várias gerações em campos magnéticos de até um militesla, milhares de vezes mais fortes do que os campos das linhas de transmissão. A enorme maioria dos estudos epidemiológicos também não encontrou nenhuma relação entre as linhas de transmissão e a incidência de câncer. As poucas exceções têm sido questionadas e verificadas.

Um relatório do National Research Council (EUA), de 1996, já concluía:[1]

> Baseado na avaliação completa dos estudos publicados relacionando os efeitos dos campos elétricos e magnéticos gerados por linhas de alta tensão em células, tecidos e organismos (incluindo humanos), a conclusão do comitê é que o corpo de evidência atual não mostra que a exposição a esses campos representa um perigo para a saúde humana. Especificamente, não há evidência conclusiva e consistente de que exposições a campos magnéticos e elétricos residenciais produzam câncer, efeitos neurocomportamentais adversos ou efeitos reprodutivos ou de desenvolvimento.

Assim, os resultados existentes são bem categóricos ao indicar que as linhas de alta tensão não são responsáveis por aumentos na incidência de câncer.

Como em outros casos que envolvem saúde pública e diversos grupos com interesses específicos (mercado de imóveis, advogados, companhias elétricas, cientistas, políticos, entre outros), o assunto ganha proporções gigantescas e multimilionárias.

Dessa vez, o STF acertou, mas por muito pouco. Assim como diversos casos a que temos assistido ultimamente, esse episódio ilustra a falta de espaços de discussão e busca de consenso sobre questões que envolvem ciência, percepção de riscos, potenciais custos e consequências para a sociedade.

Nota

[1] Sobre o assunto, ver: Warren E. Leary, "Panel Sees no Prof of Health Hazard from Power Lines", em *The New York Times*, 1º nov. 1996. Disponível em: <https://www.nytimes.com/1996/11/01/us/panel-sees-no-proof-of-health-hazards-from-power-lines.html> Acesso em: 16 set. 2020.

Agradecimentos

Organizei este livro durante a minha gestão como reitor da Universidade Estadual de Campinas (Unicamp), o que não foi fácil, mas me serviu como uma verdadeira terapia e uma recordação das possibilidades de interesses e liberdade de ação que a Unicamp tem me proporcionado.

Ao longo dos anos, várias pessoas colaboraram com ideias, discussões, parcerias, revisões, colaborações e outras interações que resultaram nestes textos. Agradeço a Sérgio Machado Rezende, Waldemar Macedo, Peter Schulz, José Antônio Brum, Carlos Alberto Vogt, Yurij Castelfranchi, Simone Pallone, Germana Barata, Carmelo Polino, Sandra Elena Murriello, Marcelo Firer, Marcelo Guzzo, Jorge Wagensberg, Paulo Franchetti, Sabine Righetti, Natália Pasternak, Carlos Orsi, Clayton Levy. Agradeço ainda a todos os alunos que durante os mais de 25 anos de docência e orientação participaram da consolidação dessas ideias. A lapidação dos textos é uma tarefa árdua, que exige muito conhecimento, paciência e dedicação. Agradeço imensamente a Carolaynne Gama de Souza, Daniel Bergamasco e Luciana Pinsky, e toda a equipe da Editora Contexto, que contribuíram com a edição do texto, sugestões valiosas e leitura crítica.

Um carinhoso agradecimento à minha família, em especial aos meus pais, que sempre me incentivaram e a quem inconscientemente sempre queremos agradar, e à minha esposa, Keila, e aos meus filhos, Ivan e Sara, que são a razão de tudo e a quem amo incondicionalmente.

O autor

Marcelo Knobel é reitor da Universidade Estadual de Campinas (Unicamp) desde 2017 e professor do Instituto de Física Gleb Wataghin desde 1995. É professor titular do Departamento de Física da Matéria Condensada, atuando na investigação experimental de materiais magnéticos nanoestruturados. Foi pró-reitor de graduação da Unicamp de 2009 a 2013, sendo responsável, entre outras ações, pela implantação do Programa de Formação Interdisciplinar Superior (ProFIS), que alia inclusão social com formação geral. Dedica-se também à divulgação científica, colaborando com as atividades do Laboratório de Estudos Avançados em Jornalismo (Labjor) e do Núcleo de Desenvolvimento da Criatividade (Nudecri), desde 2000. Publicou mais de 260 artigos em revistas internacionais e 15 capítulos de livros, tendo sido citado mais de 10 mil vezes na literatura científica internacional. Também publicou diversos artigos de divulgação científica e de opinião em jornais e revistas.

Alguns capítulos deste livro foram adaptados de versões publicadas anteriormente. São eles:

"A ilusão da Lua" – versão original publicada no *Jornal da Unicamp*, n. 311, dez. 2005.

"Culinária: arte e ciência" – versão original de "Entre a cozinha e a ciência" publicada no *Jornal da Unicamp*, n. 255, jun. 2004.

"Sopa fria, café quente" – versão original publicada no *Jornal da Unicamp*, n. 269, out. 2004.

"A Física sob um cobertor de lã" – versão original publicada no *Jornal da Unicamp*, n. 259, jul./ago. 2004.

"Rumo ao ouro, com ciência e tecnologia" – versão original publicada no *Jornal da Unicamp*, n. 263, ago. 2004.

"Como uma onda no mar..." – versão original publicada no *Jornal da Unicamp*, n. 302, set. 2005.

"Revoada auto-organizada" – este capítulo é a adaptação de dois textos publicados originalmente no *Jornal da Unicamp*, n. 277/283, fev. 2005, sob os títulos "Revoada auto-organizada I" e "Revoada auto-organizada II", respectivamente.

"O poder da audição" – versão original publicada no *Jornal da Unicamp*, n. 305, out. 2005.

"Publicar e perecer" – versão original de "Códigos de conduta em Física" publicada no *Jornal da Unicamp*, n. 224, ago. 2003.

"Einstein por todos os cantos" – capítulo adaptado do prefácio ao livro *Einstein: muito além da relatividade*, do qual eu e Peter Schulz fomos editores, publicado pelo Instituto Sangari, em 2010.

"Devemos investir em ciência básica?" – versão original de "Passado, presente e futuro da Física Quântica: digressões sobre a importância da ciência básica" publicada na revista *ComCiência*, n. 20, 2001, e escrita em coautoria com Peter Schulz.

"Divulgação científica de qualidade" – versão original de "A ciência do jornalismo científico" publicada como prefácio ao livro *Jornalismo e ciência na universidade*, organizado por Adriana Omena Santos, Diélen dos Reis Borges Almeida, Mirna Tonus Roberio e Marcelo Rodrigues Ribeiro, publicado pela Editora da UFRB, em 2014.

"Dá para escapar da pseudociência?" – alguns trechos deste capítulo foram aproveitados do artigo "Abuso quântico e pseudociência" publicado na *Folha de S.Paulo*, Tendências/Debates, 2 dez. 2012, e "Alerta máximo contra pseudociências" escrito em parceria com Carlos Orsi, *Folha de S.Paulo*, Caderno Opinião, 16 jan. 2019.